编程规范及 GUI 应用部署

王强　编著

黑龙江科学技术出版社
HEILONGJIANG SCIENCE AND TECHNOLOGY PRESS

图书在版编目（ＣＩＰ）数据

编程规范及 GUI 应用部署 / 王强编著 . -- 哈尔滨：
黑龙江科学技术出版社，2023.7
　ISBN 978-7-5719-2069-2

　Ⅰ . ①编... Ⅱ . ①王... Ⅲ . ①软件工具 - 程序设计
Ⅳ . ① TP311.561

中国国家版本馆 CIP 数据核字 (2023) 第 127313 号

编程规范及 GUI 应用部署
BIANCHENG GUIFAN JI GUI YINGYONG BUSHU

王　强　编著

责任编辑　赵　萍
封面设计　单　迪
出　　版　黑龙江科学技术出版社
　　　　　地址：哈尔滨市南岗区公安街 70-2 号　邮编：150007
　　　　　电话：（0451）53642106　传真：（0451）53642143
　　　　　网址：www.lkcbs.cn
发　　行　全国新华书店
印　　刷　哈尔滨午阳印刷有限公司
开　　本　787 mm×1092 mm　1/16
印　　张　12
字　　数　140 千字
版　　次　2023 年 7 月第 1 版
印　　次　2023 年 7 月第 1 次印刷
书　　号　ISBN 978-7-5719-2069-2
定　　价　65.00 元

前　言

为保障电力系统应用部署的规范性，减少系统代码排查问题的难度，切实提升系统稳定性、提高开发效率，编者对信息系统编程规范及 GUI 应用部署进行了系统的论述，并对编码规范的重要性、代码规范的核心原则等问题给出了指导性说明。本书具有实用性，涉及 Go 语言、MySQL 数据库、Python 编码、阿里 MySQL 数据库、Rust 编程、PHP 编程、ETL 测试以及 Electron 应用部署等内容，可指导专业人员进行业务操作，便于电力系统单位同仁参考学习。

目 录

第一章　编程规范基础

一、什么是编程规范

编程规范又叫代码规范，就是为了便于自己和他人阅读和理解源程序而制定的编程时必须遵守的约定。通常，任何一门编程语言都有自己特定的编程规范。

比如：在 Visual C++ 中，源程序中变量的取名一般采用匈牙利表示法则，该法则要求每个变量名都有一个前缀，用于表示变量的类型，后面是代表变量含义的一个字符串。例如，前缀 n 表示整型变量，前缀 sz 表示以 0 结束的字符串变量，前缀 lp 表示指针变量。

编程规范只是一个规范，也可以不遵守，但是要做一个有良好编程风格的程序员，就一定要遵守编程规范，这样不仅方便自己阅读源程序，也方便与其他程序员进行交流。

二、编程规范的重要性

1. 规范的代码可以促进团队合作

软件项目大多是由一个团队来完成的，如果没有统一的代码规范，那么每个人的代码必定会风格迥异，最后代码集成时难度会很大。风格统一的代码将大大提高可读性，这在团队的合作开发中是非常有益而且必要的。

2. 规范的代码可以减少 bug

如果没有规范的输入输出参数、规范的异常处理、规范的日志处理等，不但会导致总是出现类似空指针这样低级的 bug，而且还很难找到引起 bug 的原因。相反，在规范的程序代码中，不但可以有效减少 bug，查找 bug 也变得轻而易举。编程规范有助于提高开发效率。

3. 规范的代码可以降低维护成本

开发过程中的代码质量直接影响维护成本，可读性高的代码维护成本必然会大大降低。好的代码规范会对方法的度量、类的度量及程序耦合性做出约束。

4. 规范的代码有助于代码审查

代码审查可以对开发人员的代码规范做出监督。团队的代码审查同时也是一个很好的学习机会，对成员的进步也是很有益的。代码规范不仅使得开发统一，减少审查难度，而且让代码审查有据可查，大大提高了审查效率和效果。

二、代码规范的核心原则

1. 代码应该简洁易懂、逻辑清晰

因为软件是需要人来维护的。这个维护的人在未来很可能不是程序编写者。所以首先应是为人编写程序，其次才是计算。不要过分追求技巧，否则会降低程序的可读性。简洁的代码可以让 bug 无处藏身。要写出明显没有 bug 的代码，而不是没有明显 bug 的代码。

2. 面向变化编程，而不是面向需求编程

需求是暂时的，只有变化才是永恒的。本次迭代不能仅仅考虑当前的需求，写出扩展性强、易修改的程序才是负责任的做法，对自己负责，对公司负责。

3. 先保证程序的正确性，防止过度工程

过度工程（over-engineering）：在正确可用的代码写出之前就过度地考虑扩展、重用的问题，使得工程过度复杂。

三、编程规范内容

1. 命名规范

命名是程序规范的核心，类、函数和变量的名字应该总是能够让代码阅读者很容易地知道这些代码的作用。形式越简单、越有规则，就越容易让人感知和理解。应该避免使用模棱两可、晦涩、不标准的命名。

2. 书写规范

书写规范包括每行字数限制、缩进与换行规则、空格括号使用规则、控制语句和循环语句书写规则、函数声明方式、注释写法等。

3. 语法规范

语法规范包括错误处理规范、异常处理措施等。

第二章 Go 语言编程规范

一、命名规范

1. 标识符

按照 Go 语言规定的标识符命名规则，只包含字母、数字和下划线，并且均以字母开头。代码中的命名严禁使用拼音与英文混合的方式，更不允许直接使用中文的方式。正确的英文拼写和语法可以让阅读者易于理解，避免歧义。

说明：拼音同音不同义，会产生理解上的歧义；语言本身的基础包、依赖包均采用英文编写，引入中文变量和方法看起来不协调。

正例：var standard[标准]、getScoreByName[评分]、var flag int = 1

反例：var biaozhun[标准]、getPingfenByName()[评分]、var int 标志 = 3

2. 包

包名采用小写的一个单词，尽量不要和标准库冲突。如果包含多个单词，直接连写，中间无须使用下划线连接，不使用驼峰形式。在使用多个单词命名时，通常考虑对包按照每个单词进行分层。

正例：admin、stdmanager、encoding/base64

反例：Admin、std_manager、encodingBase64、encoding_base64

3. 文件夹

文件夹的名称要与所包含的代码文件中的包名保持一致，但 package main 除外。

正例：文件夹 controllers 下包含了全部 package controllers 的 go 文件

4. 文件

go 文件的命名采用小写单词，尽量见名思义，看见文件名就可以知道这个文件的大概内容。测试文件必须以 _test.go 结尾。

正例：struct Role 所在文件为 role.go，对应的测试文件为 role_test.go

5. 变量

全局变量、成员变量的命名必须遵从驼峰形式，如果包外可见，采用 UpperCamelCase，包外不可见采用 lowerCamelCase。

正例：
type UserController struct
    func isValidNumber(s string)

反例：
type Usercontroller struct
    func isValidnumber(s string)

局部变量、函数参数的命名全部采用 lowerCamelCase。尽量让局部变量和函数参数的命名意义明确。

正例：函数参数
    func Open(driverName, dataSourceName string) (*DB, error)

变量的长短一般与作用域的大小相关，作用域范围很小的局部变量可以尽量简短，比如在循环语句中：

for i := 0; i < 10; i++
for i, v := range slice

6. 常量

常量命名全部大写，单词间用下划线隔开，力求语义表达完整清楚，不要嫌名字长。

正例：MAX_STOCK_COUNT

反例：MAX_COUNT

    Go 语言中没有专门的枚举类型（enum），通常使用一组常量来表示，为了更好地区分不同的枚举类型值，应该使用完整的前缀加以区分：

```
type PullRequestStatus int
const (
    PULL_REQUEST_STATUS_CONFLICT PullRequestStatus = iota
    PULL_REQUEST_STATUS_CHECKING
      PULL_REQUEST_STATUS_MERGEABLE
  )
```

7. 接口名

    单个函数的接口名以"er"作为后缀，其函数去掉"er"，如 Reader、Writer。

```
type Reader interface {
    Read(p []byte) (n int, err error)
}
```

    两个函数的接口名综合两个函数的名字，比如：

```
type WriteFlusher interface {
    Write([]byte) (int, error)
    Flush() error
}
```

    三个函数及以上的接口名类似于结构体名，比如：

```
type Car interface {
    Start([]byte)
    Stop() error
    Recover()
}
```

二、代码格式

1. IDE

- IDE 的 text file encoding 设置为 UTF-8。
- IDE 中文件的换行符使用 Unix 格式，不要使用 Windows 格式。

2. gofmt

- gofmt 能够自动格式化代码，所有与格式有关的问题，均以 gofmt 格式化的结果为准。
- 代码提交前，必须执行 gofmt 进行格式化。
- IDE 一般都会提供 gofmt 功能。

3. 缩进

代码对齐应该使用 Tab 对齐，不推荐使用空格对齐。

4. 行宽

单行字符数不超过 100 个（主要参考 IDE 编辑器的宽度可见范围），超出则需要换行。换行时遵循如下原则：

（1）第二行相对第一行缩进 1 个 Tab，从第三行开始，不再继续缩进。

（2）运算符与下文一起换行。

（3）方法调用的点符号与下文一起换行。

（4）方法调用时，多个参数需要换行时，在逗号后进行。

（5）在括号前不要换行。

正例：

```
condition := orm.NewCondition()
//超过 100 个字符的情况下，换行缩进 1 个 Tab，点号和方法名称一起换行
condition.And("implement_date_gte", "a").And("b")...
        .And("c")...
        .And("d")...
        .And("e")
```

5. 大括号

大括号的使用约定：

（1）左大括号前不换行。

（2）左大括号后换行。

（3）右大括号前换行。

（4）右大括号后还有 else 等代码则不换行；表示终止的右大括号后必须换行。

```
正例：
  if a == b {

  } else {

  }
```

6. 空格

左小括号和字符之间不出现空格；同样，右小括号和字符之间也不出现空格。

```
正例：(a == b)
反例：( 空格 a == b 空格 )
```

任何二目运算符的左右两边都需要加一个空格。一目运算符与变量之间不添加空格。

```
正例：v := 3、a + b、a && b、!ok
```

函数参数在定义和传入时，多个参数逗号后必须加空格。

```
正例：下例中实参的 "a"，后边必须有一个空格。
  func("a", "b", "c")
```

7. 空行

函数体内的执行语句组、变量的定义语句组、不同的业务逻辑之间插入一个空行，但无须插入多个空行进行分隔。相同业务逻辑之间无须插入空行。

8. 注释

Go 语言有两种注释方式，块注释 /* */ 和行注释 // 。Godoc 是用来处理 Go 源文件抽取有关程序包内容的文档。在顶层声明之前出现中间没有换行的注释，会随着声明一起被抽取，作为该项的解释性文本。每个程序包都应该有一个包注释，位于包声明之前，比如：

```
/*
Package regexp implements a simple library for regular expressions.
The syntax of the regular expressions accepted is:
    regexp:
        concatenation { '|' concatenation }
    concatenation:
        { closure }
    closure:
        term [ '*' | '+' | '?' ]
    term:
        '^'
        '$'
        '.'
        character
        '[' [ '^' ] character-ranges ']'
        '(' regexp ')'
*/
package regexp
```

如果程序包很简单，则包注释可以非常简短：

```
// Package path implements utility routines for
// manipulating slash-separated filename paths.
```

函数注释的第一条语句应该为一条概括语句，并且以被声明的名字作为开头。比如：

```
// Compile parses a regular expression and returns, if successful, a Regexp
// object that can be used to match against text.
func Compile(str string) (regexp *Regexp, err error) {}
```

变量的注释可以对声明进行组合，比如：

```
// Error codes returned by failures to parse an expression.
var (
    ErrInternal = errors.New("regexp: internal error")
    ErrUnmatchedLpar = errors.New("regexp: unmatched '('")
    ErrUnmatchedRpar = errors.New("regexp: unmatched ')'")
    ...
)
```

三、import 规范

import 在多行的情况下，使用依赖包管理工具 goimports 会对代码自动进行格式化。在一个文件里面引入了一个包，建议采用如下格式：

```
import (
    "fmt"
)
```

如果文件中引入了三种类型的包：标准库包、程序内部包、第三方包，建议采用如下方式进行组织：

```
import (
    "encoding/json"          // 标准库包
    "strings"

    "myproject/models"       // 程序内部包
    "myproject/controller"

    "git.obc.im/obc/utils"   // 第三方包
```

```
        "git.obc.im/dep/beego"
        "git.obc.im/dep/mysql"
)
```

导入包时，尽量使用绝对路径，使用程序内部包无须包含路径：

```
import "××××.com/proj/net"        // 正确
    import ".../net"               // 错误
```

四、错误处理

1. error

error 是函数的返回值，必须尽快对 error 进行处理，绝对不允许忽略。

通常采用独立的错误流进行处理，不要采用下面这种方式：

```
if err != nil {
        // error handling
    } else {
        // normal code
    }
```

而是采用这种方式：

```
    if err != nil {
    // error handling
    return // or continue, etc.
    }
    // normal code
```

如果返回值需要初始化，则采用如下方式：

```
    x , err := f()
```

```
if err != nil {
    // error handling
    return // or continue, etc.
}
// use x
```

2. recover

recover 用于捕获 runtime 的异常，禁止滥用 recover，在开发测试阶段尽量不要用 recover，这样会充分暴露错误。recover 一般放在可能会有不可预期的异常的地方。比如：

```
func safelyDo(work *Work) {
    defer func() {
        if err := recover(); err != nil {
            log.Println("work failed:", err)
        }
    }()
    // do 函数可能会有不可预期的异常
    do(work)
}
```

3. panic

panic 用来创建一个 RuntimeException，并结束当前程序。该函数接受一个任意类型的参数，并在程序挂掉之前打印该参数内容，通常选择一个字符串作为参数。比如：

```
func init() {
    if user == "" {
        panic("no value for $USER")
    }
}
```

应该在逻辑处理中禁用 panic。在 main 包中只有出现实在不可运行的情况时才采用 panic，例如文件无法打开，数据库无法连接导致程序无法正常运行，但是对于其他的 package 对外的接口不能有 panic。panic 只能在包内采用，并使用 recover 进行捕捉处理。建议在 main 包中使用 log.Fatal 来记录错误，这样就可以由 log 来结束程序。

4. defer

defer 函数会在 return 前执行，对于一些资源的回收，使用 defer 非常方便，但禁止滥用 defer，defer 是需要消耗性能的，所以在频繁调用的函数的情况下，尽量不要使用 defer。

```go
// Contents returns the file's contents as a string.
func Contents(filename string) (string, error) {
    f, err := os.Open(filename)
    if err != nil {
        return "", err
    }
    defer f.Close()  // f.Close will run when we're finished.

    var result []byte
    buf := make([]byte, 100)
    for {
        n, err := f.Read(buf[0:])
        result = append(result, buf[0:n]...)
        if err != nil {
            if err == io.EOF {
                break
            }
            return "", err  // f will be closed if we return here.
        }
    }
    return string(result), nil // f will be closed if we return here.
}
```

五、安全处理

在代码中执行的 SQL 语句参数，应该严格使用参数绑定，防止 SQL 注入，禁止字符串拼接 SQL 访问数据库。使用参数绑定的方式带来的另一个好处是，无须处理烦琐的字符转义。

正例：

```
    sqlQueryUnit := "select unit_id from unit_draft where unit_name = ?
limit 1"
    stmtQueryUnit, err := db.Prepare(sqlQueryUnit)
    if err != nil {
      return err
    }
    defer stmtQueryUnit.Close()
```

正例：

```
    count, err := orm.NewOrm().Raw("SELECT id,name_cn,name_en FROM
std_info WHERE std_no = ?", stdNo).QueryRows(&stdNos)
    if err != nil {
    return err
    }
```

六、包依赖管理

1. go1.11.1 版本以上可以使用 module 机制做包依赖管理，主要优点如下

- 项目路径可以脱离 GOPATH，不需要将项目必须放在 GOPATH/src 下。
- 项目依赖的第三方包，不再需要放入 GOPATH/src 下，可以放入项目的

vendor 目录下，与项目代码接受同样的源码管理。

- 不需要使用 get 预先安装依赖包，module 在 build、run、test 时会检测未下载的依赖包，并自动下载它们。

2. go modules 操作过程

- 初始化命令：go mod init，项目目录下会产生 go.mod 文件，里面记录了 module 路径和 go 的版本信息。
- 获取依赖包命令：go build、run、test，运行后会自动下载和安装依赖包，代码位于 GOPATH/pkg 目录下。
- 依赖包交由 vendor 管理：go mod vendor 命令将 GOPATH/pkg 目录下的第三方依赖包放入项目的 vendor 目录下。

第三章　MySQL 数据库规范

一、规范背景与目的

MySQL 数据库与 Oracle、SQL Server 等其他数据库相比，有其独特的优势与劣势。我们在使用 MySQL 数据库的时候需要遵循一定的规范，扬长避短。本规范旨在帮助或指导 RD、QA、OP 等技术人员做出适合线上业务的数据库设计。在数据库变更和处理流程、数据库表设计、SQL 编写等方面予以规范，从而为公司业务系统稳定、健康地运行提供保障。

二、设计规范

（一）数据库设计

以下所有规范会按照【高危】【强制】【建议】三个级别进行标注，遵守优先级从高到低。

对于不满足【高危】和【强制】两个级别的设计，DBA 会强制打回要求修改。

1. 库名

（1）【强制】库的名称必须控制在 32 个字符以内。

（2）【强制】库的名称格式：业务系统名称 _ 子系统名，同一模块使用的表名尽量使用统一的前缀。

（3）【强制】一般分库名称命名格式：库通配名 _ 编号，编号从 0 开始递增，如 wenda_001；以时间进行分库的名称格式：库通配名 _ 时间。

（4）【强制】创建数据库时必须显式指定字符集，并且字符集只能是 utf8 或者 utf8mb4。创建数据库 SQL 举例：create database db1 default character set utf8;。

2. 表结构

（1）【强制】表和列的名称必须控制在 32 个字符以内，表名、字段名必须使用小写字母或数字，禁止出现数字开头，禁止两个下划线中间只出现数字。数据库字段名的修改代价很大，因为无法进行预发布，所以字段名称需要慎重考虑。

说明：MySQL 在 Windows 下不区分大小写，但在 Linux 下默认区分大小写。因此，数据库名、表名、字段名都不允许出现任何大写字母，避免节外生枝。

正例：aliyun_admin、rdc_config、level3_name

反例：AliyunAdmin、rdcConfig、level_3_name

（2）【强制】表名不使用复数名词。

说明：表名应该仅仅表示表里面的实体内容，不应该表示实体数量，对应于 DO 类名也是单数形式，符合表达习惯。

（3）【强制】禁用保留字，如 desc、range、match、delayed 等，请参考 MySQL 官方保留字。

（4）【强制】表名要求模块名强相关，如师资系统采用"sz"作为前缀，渠道系统采用"qd"作为前缀等，相关模块的表名与表名之间尽量体现 join 的关系，如 user 表和 user_login 表。

（5）【强制】创建表时必须显式指定字符集为 utf8 或者 utf8mb4。

（6）【强制】创建表时必须显式指定表存储引擎类型，如无特殊需求，一律为 InnoDB。当需要使用除 InnoDB/MyISAM/Memory 以外的存储引擎时，必须通过 DBA 审核才能在生产环境中使用。因为 InnoDB 表支持事务、行锁、宕机恢复、MVCC 等关系型数据库重要特性，为业界使用最多的 MySQL 存储引擎。而这是其他大多数存储引擎不具备的，因此首推 InnoDB。

（7）【强制】建表必须有 comment。

（8）【强制】建表时关于主键：①强制要求主键为 id，类型为 int 或 bigint，且为 auto_increment。②标识表里每一行主体的字段不要设为主键，建议设为其他字段，如 user_id、order_id 等，并建立 unique key 索引。因为如果设为主键且主键值为随机插入，则会导致 InnoDB 内部 page 分裂和大量随机 I/O，性能下降。

（9）【建议】核心表（如用户表、金钱相关的表）必须有行数据的创建时间字段 create_time 和最后更新时间字段 update_time，便于排查问题。

（10）【建议】建议将表里的 blob、text 等大字段，垂直拆分到其他表里，仅在需要读这些对象的时候才去 select。

（11）【建议】反范式设计：把经常需要 join 查询的字段，在其他表里冗余一份。如 username 属性在 user_account、user_login_log 等表里冗余一份，减少 join 查询。

（12）【强制】中间表用于保留中间结果集，名称必须以"tmp_"开头。备份表用于备份或抓取源表快照，名称必须以"bak_"开头。中间表和备份表定期清理。

（13）【强制】对于超过 100 万行的大表进行 alter table，必须经过 DBA 审核，并在业务低峰期执行。因为 alter table 会产生表锁，其间阻塞对于该表的所有写入，对业务可能会产生极大影响。

3. 列数据类型优化

（1）【建议】表中的自增列（auto_increment 属性），推荐使用 bigint 类型。因为无符号 int 存储范围为 -2 147 483 648~2 147 483 647（大约 21 亿），溢出后会导致报错。

（2）【建议】业务中选择性很少的状态 status、类型 type 等字段，推荐使用 tinyint 或者 smallint 类型，节省存储空间。

（3）【建议】业务中 IP 地址字段推荐使用 int 类型，不推荐用 char(15)。因为 int 只占 4 字节，可以用如下函数相互转换，而 char(15) 占用至少 15 字节。一旦表数据行数到了 1 亿，那么要多用 1.1G 存储空间。

SQL：select inet_aton('192.168.2.12'); select inet_ntoa(3232236044);

PHP: ip2long('192.168.2.12'); long2ip(3530427185);

（4）【建议】不推荐使用 enum、set。因为它们浪费空间，且枚举值写死了，变更不方便。推荐使用 tinyint 或 smallint。

（5）【建议】不推荐使用 blob、text 等类型。它们都比较浪费硬盘和内存空间。在加载表数据时，会读取大字段到内存里，从而浪费内存空间，影响系统性能。建议和 PM、RD 沟通，是否真的需要这么大字段。InnoDB 中当一行记录超过 8 098 字节时，会在该记录中选取最长的一个字段将其 768 字节放在原始 page 里，该字段余下内容放在 overflow-page 里。不幸的是，在 compact 行格式下，原始 page 和 overflow-page 都会加载。

（6）【建议】存储金钱的字段，建议用 int，程序端乘以 100 和除以 100 进行存取。因为 int 占用 4 字节，而 double 占用 8 字节，浪费空间。

（7）【建议】文本数据尽量用 varchar 存储。因为 varchar 是变长存储，比 char 更省空间。MySQL server 层规定一行所有文本最多存 65 535 字节，因此在 UTF-8 字符集下最多存 21 844 个字符，超过会自动转换为 mediumtext 字段。而 text 在 UTF-8 字符集下最多存 21 844 个字符，mediumtext 最多存 $2^{24}/3$ 个字符，longtext 最多存 2^{32} 个字符。一般建议用 varchar 类型，字符数不要超过 2 700。

（8）【建议】时间类型尽量选取 timestamp。因为 datetime 占用 8 字节，timestamp 仅占用 4 字节，但是范围为 1970-01-01 00:00:01 到 2038-01-01 00:00:00。更为高阶的方法，选用 int 来存储时间，使用 SQL 函数 unix_timestamp() 和 from_unixtime() 来进行转换。

4. 索引设计

（1）【强制】InnoDB 表必须主键为 id int/bigint auto_increment，且主键值禁止被更新。

（2）【建议】主键的名称以 "pk_" 开头，唯一键以 "uk_" 或 "uq_" 开头，普通索引以 "idx_" 开头，一律使用小写格式，以表名 / 字段的名称或缩写作为后缀。

说明：pk_ 即 primary key 的简称，uk_ 即 unique key 的简称，idx_ 即 index 的简称。

（3）【强制】InnoDB 和 MyISAM 存储引擎表，索引类型必须为 BTree；MEMORY 表可以根据需要选择 HASH 或者 BTree 类型索引。

（4）【强制】单个索引中每个索引记录的长度不能超过 64 kb。

（5）【建议】单个表上的索引个数不能超过 7 个。

（6）【建议】在建立索引时，多考虑建立联合索引，并把区分度最高的字段放在最前面。如列 user_id 的区分度可由 select count(distinct user_id) 计算出来。

（7）【建议】在多表 join 的 SQL 里，保证被驱动表的连接列上有索引，这样 join 执行效率最高。

（8）【建议】建表或加索引时，保证表里互相不存在冗余索引。对于 MySQL 来说，如果表里已经存在 key(a,b)，则 key(a) 为冗余索引，需要删除。

5. 分库分表、分区表

（1）【强制】分区表的分区字段（partition-key）必须有索引，或者是组合索引的首列。

（2）【强制】单个分区表中的分区（包括子分区）个数不能超过 1 024 个。

（3）【强制】上线前 RD 或者 DBA 必须指定分区表的创建，厘定策略。

（4）【强制】访问分区表的 SQL 必须包含分区键。

（5）【建议】单个分区文件不超过 2 G，总大小不超过 50 G。建议总分区数不超过 20 个。

（6）【强制】对分区表执行 alter table 操作，必须在业务低峰期进行。

（7）【强制】采用分库策略的，库的数量不能超过 1 024 个。

（8）【强制】采用分表策略的，表的数量不能超过 4 096 个。

（9）【建议】单个分表不超过 500 万行，ibd 文件大小不超过 2 G，这样才能让数据分布式的性能更佳。

（10）【建议】水平分表尽量用取模方式，日志、报表类数据建议采用日期进行分表。

6. 字符集

（1）【强制】数据库本身库、表、列所有字符集必须保持一致，为 UTF8 或 utf8mb4。

（2）【强制】前端程序字符集或者环境变量中的字符集，与数据库、表的字符集必须一致，统一为 UTF-8。

7. 程序层 DAO 设计建议

（1）【建议】新的代码不要用 model，推荐使用手动拼 SQL+ 绑定变量传入参数的方式。因为 model 虽然可以使用面向对象的方式操作 db，但是其使用不当很容易造成生成的 SQL 非常复杂，且 model 层自己做的强制类型转换性能较差，最终导致数据库性能下降。且表字段一旦更新，但 model 层没有来得及更新的话，系统会报错。

（2）【建议】前端程序连接 MySQL 或者 Redis，必须有连接超时和失败重试机制，且失败重试必须有间隔时间。

（3）【建议】前端程序报错里尽量能够提示 MySQL 或 Redis 原生态的报错信息，便于排查错误。

（4）【建议】对于有连接池的前端程序，必须根据业务需要配置初始、最小、最大连接数，超时时间及连接回收机制，否则会耗尽数据库连接资源，造成线上事故。

（5）【建议】对于 log 或 history 类型的表，随时间增长会越来越大，因此上线前 RD 或者 DBA 必须建立表数据清理或归档方案。

（6）【建议】在应用程序设计阶段，RD 必须考虑并规避数据库中主从延迟对业务的影响。尽量避免从库短时延迟（20 秒以内）对业务造成影响，建议强制一致性的读开启事务走主库，或更新后过一段时间再去读从库。

（7）【建议】多个并发业务逻辑访问同一块数据（InnoDB 表）时，会在数据库端产生行锁甚至表锁，导致并发下降，因此建议更新类 SQL 时，尽量基于主键更新。

（8）【建议】业务逻辑之间的加锁顺序尽量保持一致，否则会导致死锁。

（9）【建议】对于单表读写比大于 10 : 1 的数据行或单个列，可以将热点数据放在缓存里（如 Mecache 或 Redis），加快访问速度，降低 MySQL 压力。

8. 一个规范的建表语句示例

一段较为规范的建表语句为：

```
CREATE TABLE user (
    `id` bigint(11) NOT NULL AUTO_INCREMENT,
    `user_id` bigint(11) NOT NULL COMMENT ' 用户 id',
    `username` varchar(45) NOT NULL COMMENT ' 真实姓名 ',
    `email` varchar(30) NOT NULL COMMENT ' 用户邮箱 ',
    `nickname` varchar(45) NOT NULL COMMENT' 昵称 ',
    `avatar` int(11) NOT NULL COMMENT ' 头像 ',
```

```
    `birthday` date NOT NULL COMMENT ' 生日 ',
    `sex` tinyint(4) DEFAULT '0' COMMENT ' 性别 ',
    `short_introduce` varchar(150) DEFAULT NULL COMMENT' 一句话介
绍自己，最多 50 个汉字 ',
    `user_resume` varchar(300) NOT NULL COMMENT ' 用户提交的简历存
放地址 ',
    `user_register_ip` int NOT NULL COMMENT ' 用户注册时的源 ip',
    `create_time` timestamp NOT NULL COMMENT ' 用户记录创建的时
间 ',
    `update_time` timestamp NOT NULL COMMENT ' 用户资料修改的时
间 ',
    `user_review_status` tinyint NOT NULL COMMENT ' 用户资料审核状
态，1 为通过，2 为审核中，3 为未通过，4 为还未提交审核 ',
    PRIMARY KEY (`id`),
  UNIQUE KEY `idx_user_id` (`user_id`),
  KEY `idx_username`(`username`),
  KEY `idx_create_time`(`create_time`,`user_review_status`)
    ) ENGINE=InnoDB DEFAULT CHARSET=utf8 COMMENT=' 网站用户
基本信息 ';
```

（二）SQL 编写

1. DML 语句

（1）【强制】select 语句必须指定具体字段名称，禁止写成 *。因为 select *
会将不该读的数据也从 MySQL 里读出来，造成网卡压力。

（2）【强制】insert 语句指定具体字段名称，不要写成 insert into t1
values(…)，道理同上。

（3）【建议】insert into…values(××),(××),(××)…。这里 ×× 的值不
要超过 5 000 个。值过多虽然上线很快，但会引起主从同步延迟。

（4）【建议】select 语句不要使用 union，推荐使用 union all，并且 union

子句个数限制在 5 个以内。因为 union all 不需要去重，节省数据库资源，提高性能。

（5）【建议】in 值列表限制在 500 个以内。例如 select… where user_id in(…500 个以内…)，这么做是为了减少底层扫描，减轻数据库压力，从而加速查询。

（6）【建议】事务里批量更新数据需要控制数量，进行必要的 sleep，做到少量多次。

（7）【强制】事务涉及的表必须全部是 InnoDB 表，否则一旦失败不会全部回滚，且易造成主从库同步终端。

（8）【强制】写入和事务发往主库，只读 SQL 发往从库。

（9）【强制】除静态表或小表（100 行以内），dml 语句必须有 where 条件，且使用索引查找。

（10）【强制】生产环境禁止使用 hint，如 sql_no_cache、force index、ignore key、straight join 等。因为 hint 是用来强制 SQL 按照某个执行计划来执行，但随着数据量变化，无法保证当初的预判是正确的，因此应该相信 MySQL 优化器。

（11）【强制】where 条件里等号左右字段类型必须一致，否则无法利用索引。

（12）【建议】select|update|delete|replace 要有 where 子句，且 where 子句的条件必须使用索引查找。

（13）【强制】在生产数据库中，强烈不推荐在大表上发生全表扫描，但对于 100 行以下的静态表可以全表扫描。查询数据量不要超过表行数的 25%，否则不会利用索引。

（14）【强制】where 子句中禁止只使用全模糊的 like 条件进行查找，必须有其他等值或范围查询条件，否则无法利用索引。

（15）【建议】索引列不要使用函数或表达式，否则无法利用索引。如 where length(name)='admin' 或 where user_id+2=10023。

（16）【建议】减少使用 or 语句，可将 or 语句优化为 union，然后在各个 where 条件上建立索引。如 where a=1 or b=2 优化为 where a=1… union … where b=2, key(a),key(b)。

（17）【建议】分页查询，当 limit 起点较高时，可先用过滤条件进行过滤。如 select a,b,c from t1 limit 10000,20; 优化为 select a,b,c from t1 where id>10000 limit 20;。

2. 多表连接

（1）【强制】禁止跨 DB 的 join 语句。因为这样可以减少模块间的耦合，为数据库拆分奠定坚实的基础。

（2）【强制】禁止在业务的更新类 SQL 语句中使用 join，比如 update t1 join t2…。

（3）【建议】不建议使用子查询，建议将子查询 SQL 拆开，结合程序多次查询，或使用 join 来代替子查询。

（4）【建议】线上环境，多表 join 不要超过 3 个表。

（5）【建议】多表连接查询推荐使用别名，且 select 列表中要用别名引用字段，数据库.表格式，如 select a from db1.table1 alias1 where …。

（6）【建议】在多表 join 中，尽量选取结果集较小的表作为驱动表来 join 其他表。

3. 事务

（1）【建议】事务中 insert|update|delete|replace 语句操作的行数控制在 2 000 行以内，where 子句中 in 列表的传参个数控制在 500 个以内。

（2）【建议】批量操作数据时，需要控制事务处理间隔时间，进行必要的 sleep，一般建议值为 5 ～ 10 秒。

（3）【建议】对于有 auto_increment 属性字段的表的插入操作，并发需要控制在 200 个以内。

（4）【强制】程序设计必须考虑"数据库事务隔离级别"带来的影响，包括脏读、不可重复读和幻读。线上建议事务隔离级别为 repeatable-read。

（5）【建议】事务里包含 SQL 不超过 5 个（支付业务除外）。因为过长的事务会导致锁数据较久，MySQL 内部缓存、连接消耗过多等雪崩问题。

（6）【建议】事务里更新语句尽量基于主键或 unique key，如 update … where id=××;，否则会产生间隙锁，内部扩大锁定范围，导致系统性能下降，产生死锁。

（7）【建议】尽量把一些典型外部调用移出事务，如调用 Web Service、访问文件存储等，从而避免事务过长。

（8）【建议】对于 MySQL 主从延迟严格敏感的 select 语句，请开启事务强制访问主库。

4. 排序和分组

（1）【建议】减少使用 order by，和业务沟通能不排序就不排序，或将排序放到程序端去做。order by、group by、distinct 这些语句较为耗费 CPU，数据库的 CPU 资源是极其宝贵的。

（2）【建议】order by、group by、distinct 这些 SQL 尽量利用索引直接检索出排序好的数据，如 where a=1 order by 可以利用 key(a,b)。

（3）【建议】对于包含了 order by、group by、distinct 这些查询的语句，where 条件过滤出来的结果集请保持在 1 000 行以内，否则 SQL 会很慢。

5. 线上禁止使用的 SQL 语句

（1）【高危】禁用 update|delete t1 … where a=×× limit ××；这种带 limit 的更新语句。因为会导致主从不一致，使数据错乱。建议加上 order by PK。

（2）【高危】禁止使用关联子查询，如 update t1 set … where name in(select name from user where…);，其效率极其低下。

（3）【强制】禁用 procedure、function、trigger、views、event、外键约束。因为它们消耗数据库资源，降低数据库实例可扩展性。推荐都在程序端实现。

（4）【强制】禁用 insert into …on duplicate key update…。在高并发环境下，会造成主从不一致。

（5）【强制】禁止联表更新语句，如 update t1,t2 where t1.id=t2.id…。

第四章 Python 编码规范

本章提供的 Python 编码规范基于 Python 主要发行版本的标准库。Python 编码规范的指导原则主要用于提升代码的可读性，使得在大量 Python 代码中保持一致。许多项目有自己的编码规范，在出现规范冲突时，项目自身的规范优先。

Python 编码规范最常使用的是 PEP8 编码规范。

一、命名

- 文件名：全部小写，可使用下划线。
- 包：使用简短的小写的名字，如果下划线能改善可读性则可以加入，如 mypackage。
- 模块：使用简短的小写的名字，如果下划线能改善可读性则可以加入，如 mymodule。
- 类：总是使用首字母大写单词串，如 MyClass。内部类可以使用额外的前导下划线。
- 函数和方法：函数名应该小写，可以用下划线分隔单词以增加可读性。如 myfunction、my_example_function。
- 函数和方法的参数：总使用 "self" 作为范例方法的第一个参数；总使用 "cls" 作为类方法的第一个参数。

如果一个函数的参数名称和保留的关键字冲突，通常使用一个后缀下划线好于使用缩写或奇怪的拼写。

- 全局变量：对于 from M import * 导入语句，如果想阻止导入模块内的全局变量可以使用旧有的规范，在全局变量上加一个前导的下划线。

注意：应避免使用全局变量。

- 变量：变量名全部小写，由下划线连接各个单词，如 color = WHITE、this_is_a_variable = 1。

注意：

（1）无论是类成员变量还是全局变量，均不使用 m 或 g 前缀。

（2）私有类成员使用单一下划线前缀标识，多定义公开成员，少定义私有成员。

（3）变量名不应带有类型信息，因为 Python 是动态类型语言。如 iValue、names_list、dict_obj 等都是不好的命名。

· 常量：常量名所有字母大写，由下划线连接各个单词。例如：MAX_OVERFLOW、TOTAL。

· 异常：以"Error"作为后缀。

· 前导后缀下划线。

（1）一个前导下划线：表示变量或者方法非公有。

（2）一个后缀下划线：避免关键字冲突。

（3）两个前导下划线：当命名一个类属性引起名称冲突时使用。

（4）两个前导和后缀下划线：内部有特殊用途的对象或者属性，例如"__init__"或者"__file__"。绝对不要创造这样的名字，而只是使用它们。

二、缩进

使用 4 个空格来缩进代码，不要使用 Tab，也不要混用 Tab 和空格。

对于行连接的情况，应该垂直对齐换行的元素，或者使用 4 空格的悬挂式缩进（这时第一行不应该有参数）：

正例：

```
# 与起始变量对齐
foo = long_function_name(var_one, var_two,
                         var_three, var_four)


# 字典中与起始值对齐
foo = {
    long_dictionary_key: value1 +
                         value2,
    ...
}


# 4 个空格缩进，第一行不需要
foo = long_function_name(
    var_one, var_two, var_three,
    var_four)


# 字典中 4 个空格缩进
foo = {
    long_dictionary_key:
        long_dictionary_value,
    ...
}
```

三、分号

不要在行尾加分号，也不要用分号将两条命令放在同一行。

四、行长度

- 每行不超过 80 个字符，其中长的导入模块语句和注释里的 URL 除外。

• 不要使用反斜杠连接行。Python 会将圆括号、中括号和花括号中的行隐式连接起来。

正例:

```
foo_bar(self, width, height, color='black', design=None, x='foo',
        emphasis=None, highlight=0)
```

• 如果一个文本字符串在一行放不下，可以使用圆括号来实现隐式行连接：

```
x = (' 这是一个非常长非常长非常长非常长 '
    ' 非常长非常长非常长非常长非常长非常长的字符串 ')
```

在注释中，如有必要，将长的 URL 放在一行上。

```
# See details at
# http://www.example.com/us/developer/documentation/api/content/v2.0/
csv_file_specification.html
```

五、括号

宁缺毋滥地使用括号，除非是用于实现行连接，否则不要在返回语句或条件语句中使用括号，不过在元组两边使用括号是可以的。

正例:
```
if foo:
    bar()
while x:
    x = bar()
if x and y:
    bar()
if not x:
    bar()
return foo
for (x, y) in dict.items(): ...
```

反例：
```
if (x):
    bar()
if not(x):
    bar()
return (foo)
```

六、空行

　　顶级定义之间空 2 行，比如函数或者类定义。方法定义之间空 1 行。

　　方法定义、类定义与第一个方法之间，都应该空 1 行。函数或方法中，某些地方觉得合适就空 1 行。

七、空格

・按照标准的排版规范来使用标点两边的空格，括号内不要有空格。

正例：spam(ham[1], {eggs: 2}, [])
反例：spam(ham[1], { eggs: 2 }, [ ])

・不要在逗号、分号、冒号前面加空格，但应该在它们后面加（除了在行尾）。

正例：
```
if x == 4:
    print x, y
    x, y = y, x
```
反例：
```
if x == 4 :
    print x , y
    x , y = y , x
```
・参数列表、索引或切片的左括号前不应加空格。

正例：spam(1)

反例：spam (1)

正例：dict['key'] = list[index]

反例：dict ['key'] = list [index]

• 在二元操作符两边都加上一个空格，比如赋值（=）、比较（==、<、>、!=、
<>、<=、>=、in、not in、is、not）、布尔（and, or, not）。至于算术操作符两边
的空格该如何使用，需要自己好好判断，不过两侧务必保持一致。

正例：x == 1

反例：x<1

• 当"="用于指示关键字参数或默认参数值时，不要在其两侧使用空格。

正例：def complex(real, imag=0.0): return magic(r=real, i=imag)

反例：def complex(real, imag = 0.0): return magic(r = real, i = imag)

• 不要用空格来垂直对齐多行间的标记，因为这会成为维护的负担（适用
于 :、#、= 等）。

正例：
```
foo = 1000  # 注释
long_name = 2  # 注释不需要对齐
dictionary = {
    "foo": 1,
    "long_name": 2,
    }
```

反例：
```
foo         = 1000  # 注释
long_name = 2     # 注释不需要对齐
dictionary = {
    "foo"        : 1,
    "long_name": 2,
    }
```

八、注释

• 文档字符串：Python 有一种注释方式是使用文档字符串。文档字符串是包、模块、类或函数里的第一个语句。这些字符串可以通过对象的 __doc__ 成员被自动提取，并且被 pydoc 所用。

对文档字符串的惯例是使用三重双引号 """。

• 函数和方法：每节应该以一个标题行开始，标题行以冒号结尾。除标题行外，节的其他内容应被缩进 2 个空格。

列出每个参数的名字，并在名字后使用一个冒号和一个空格，分隔对该参数的描述。如果描述太长超过了单行 80 字符，使用 2 或 4 个空格的悬挂缩进（与文件其他部分保持一致）。描述应该包括所需的类型和含义。如果一个函数接受 foo（可变长度参数列表）或者 **bar（任意关键字参数），应该详细列出 foo 和 **bar。

Returns（或者 Yields：用于生成器）：

描述返回值的类型和语义。如果函数返回 None，这部分可以省略。

Raises：

列出与接口有关的所有异常。

```
def fetch_bigtable_rows(big_table, keys, other_silly_variable=None):
    """Fetches rows from a Bigtable.

    Retrieves rows pertaining to the given keys from the Table instance
    represented by big_table.  Silly things may happen if
    other_silly_variable is not None.

    Args:
    big_table: An open Bigtable Table instance.
    keys: A sequence of strings representing the key of each table row
```

```
            to fetch.
        other_silly_variable: Another optional variable, that has a much
            longer name than the other args, and which does nothing.


    Returns:
    A dict mapping keys to the corresponding table row data
    fetched. Each row is represented as a tuple of strings. For
    example:

    {'Serak': ('Rigel VII', 'Preparer'),
        'Zim': ('Irk', 'Invader'),
        'Lrrr': ('Omicron Persei 8', 'Emperor')}


    If a key from the keys argument is missing from the dictionary,
    then that row was not found in the table.


    Raises:
    IOError: An error occurred accessing the bigtable.Table object.
    """

    pass
```

•类：类应该在其定义下有一个用于描述该类的文档字符串。如果你的类有公共属性（Attributes），那么文档中应该有一个属性（Attributes）段，并且应该遵守和函数参数相同的格式。

```
class SampleClass(object):
    """

    Summary of class here.


    Longer class information....
    Longer class information....
```

```
Attributes:
        likes_spam: A boolean indicating if we like SPAM or not.
        eggs: An integer count of the eggs we have laid.
"""

def __init__(self, likes_spam=False):
    """Inits SampleClass with blah."""
    self.likes_spam = likes_spam
    self.eggs = 0

def public_method(self):
    """Performs operation blah."""
```

• 块注释和行注释：最需要写注释的是代码中那些技巧性的部分。如果在下次代码审查的时候必须解释一下，那么应该现在就给它写注释。对于复杂的操作，应该在其操作开始前写上若干行注释。对于不是一目了然的代码，应在其行尾添加注释。为了提高可读性，注释应该至少离开代码 2 个空格。

```
# We use a weighted dictionary search to find out where i is in
# the array.  We extrapolate position based on the largest num
# in the array and the array size and then do binary search to
# get the exact number.

if i & (i-1) == 0:        # true iff i is a power of 2
```

九、类 class

如果一个类不继承自其他类，就显式地从 object 继承，嵌套类也一样。

```
class SampleClass(object):
    pass
class OuterClass(object):
```

```
class InnerClass(object):
    pass

class ChildClass(ParentClass):
    """Explicitly inherits from another class already."""
```

继承自 object 是为了使属性正常工作，并且这样可以保护代码，使其不受 Python 3000 的一个特殊的潜在不兼容性影响。这样做也定义了一些特殊的方法（魔法方法），这些方法实现了对象的默认语义，包括 new、init、delattr、getattribute、setattr、hash、repr、and str。

十、导入 import

每个导入应该独占一行。

```
正例：
import os
import sys
反例：
import os, sys
```

导入总应该放在文件顶部，位于模块注释和文档字符串之后，模块全局变量和常量之前。

导入应该按照从最通用到最不通用的顺序分组：

• 标准库导入。

• 第三方库导入。

• 应用程序指定导入。

每种分组都应该根据每个模块的完整包路径按字典序排序，忽略大小写。

```
import foo
from foo import bar
from foo.bar import baz
from foo.bar import Quux
from Foob import ar
```

十一、语句

通常每个语句应该独占一行。不过，如果测试结果与测试语句在一行放得下，也可以将它们放在同一行。

如果是 if 语句，只有在没有 else 时才能这样做。特别地，绝不要对 try 和 except 这样做，因为 try 和 except 不能放在同一行。

正例：
```
if foo: bar(foo)
```

反例：
```
if foo: bar(foo)
else:  baz(foo)


try:              bar(foo)
except ValueError: baz(foo)
```

第五章　阿里 MySQL 数据库规范

一、建表规约

（1）【强制】表达是与否概念的字段，必须使用 is_×××的方式命名，数据类型是 unsigned tinyint（1 表示是，0 表示否）。

说明：任何字段如果为非负数，必须是 unsigned。

正例：表达逻辑删除的字段名 is_deleted，1 表示删除，0 表示未删除。

（2）【强制】表名、字段名必须使用小写字母或数字，禁止出现数字开头，禁止两个下划线中间只出现数字。数据库字段名的修改代价很大，因为无法进行预发布，所以字段名称需要慎重考虑。

说明：MySQL 在 Windows 下不区分大小写，但在 Linux 下默认区分大小写。因此，数据库名、表名、字段名都不允许出现任何大写字母，避免节外生枝。

正例：aliyun_admin、rdc_config、level3_name

反例：AliyunAdmin、rdcConfig、level_3_name

（3）【强制】表名不使用复数名词。

说明：表名应该仅仅表示表里面的实体内容，不应该表示实体数量，对应于 DO 类名也是单数形式，符合表达习惯。

（4）【强制】禁用保留字，如 desc、range、match、delayed 等，请参考 MySQL 官方保留字。

（5）【强制】主键索引名为 pk_字段名；唯一索引名为 uk_字段名；普通索引名则为 idx_字段名。

说明：pk_ 即 primary key 的简称，uk_ 即 unique key 的简称，idx_ 即 index 的简称。

（6）【强制】小数类型为 decimal，禁止使用 float 和 double。

说明：float 和 double 在存储的时候存在精度损失的问题，很可能在进行值的比较时得到不正确的结果。如果存储的数据范围超过 decimal 的范围，建议将数据拆成整数和小数分开存储。

（7）【强制】如果存储的字符串长度几乎相等，使用 char 定义长字符串类型。

（8）【强制】varchar 是可变长字符串，不预先分配存储空间，长度不要超过 5 000，如果存储长度大于此值，定义字段类型为 text，单独建立一张表，用主键来对应，避免影响其他字段索引效率。

（9）【强制】表必备三字段：id、gmt_create、gmt_modified。

说明：其中 id 必为主键，类型为 unsigned bigint，单表时自增，步长为 1。gmt_create、gmt_modified 的类型均为 date_time 类型，前者现在时表示主动创建，后者过去分词表示被动更新。

（10）【推荐】表的命名最好加上"业务名称_表的作用"。

正例：alipay_task、force_project、trade_config

（11）【推荐】库名与应用名称尽量一致。

（12）【推荐】如果修改字段含义或对字段表示的状态追加时，需要及时更新字段注释。

（13）【推荐】字段允许适当冗余，以提高查询性能，但必须考虑数据一致。冗余字段应遵循：

①不是频繁修改的字段。

②不是 varchar 超长字段，更不能是 text 字段。

正例：商品类目名称使用频率高，字段长度短，名称基本一成不变，可在相关联的表中冗余存储类目名称，避免关联查询。

（14）【推荐】单表行数超过 500 万行或者单表容量超过 2 GB，才推荐进行分库分表。

说明：如果预计三年后的数据量根本达不到这个级别，请不要在创建表时就分库分表。

（15）【参考】合适的字符存储长度，不但节约数据库表空间、节约索引存储，更重要的是提升检索速度。

二、索引规约

（1）【强制】业务上具有唯一特性的字段，即使是多个字段的组合，也必须建成唯一索引。

说明：不要以为唯一索引影响了 insert 速度，这个速度损耗可以忽略，但提高查找速度是明显的；另外，即使在应用层做了非常完善的校验控制，只要没有唯一索引，根据墨菲定律，必然有脏数据产生。

（2）【强制】超过三个表禁止 join。需要 join 的字段，数据类型必须绝对一致；多表关联查询时，保证被关联的字段需要有索引。

说明：即使双表 join 也要注意表索引、SQL 性能。

（3）【强制】在 varchar 字段上建立索引时，必须指定索引长度，没必要对全字段建立索引，根据实际文本区分度决定索引长度即可。

说明：索引的长度与区分度是一对矛盾体，一般对字符串类型数据，长度为 20 的索引，区分度会高达 90%，可以使用 count(distinct left(列名，索引长度))/count(*) 的区分度来确定。

（4）【强制】页面搜索严禁左模糊或者全模糊，如果需要请用搜索引擎来解决。

说明：索引文件具有 B-Tree 的最左前缀匹配特性，如果左边的值未确定，那么无法使用此索引。

（5）【推荐】如果有 order by 的场景，请注意利用索引的有序性。order by 最后的字段是组合索引的一部分，并且放在索引组合顺序的最后，避免出现 file_sort 的情况，影响查询性能。

正例：where a=? and b=? order by c; 索引：a_b_c。

反例：索引中有范围查找，那么索引有序性无法利用，如：where a>10 order by b; 索引 a_b 无法排序。

（6）【推荐】利用覆盖索引来进行查询操作，避免回表。

说明：如果一本书需要知道第 11 章是什么标题，会翻开第 11 章对应的那一页吗？不会，只要浏览一下目录就好，这个目录就是起到覆盖索引的作用。

正例：能够建立索引的种类：主键索引、唯一索引、普通索引，而覆盖索引是一种查询的效果，用 explain 的结果，extra 列会出现：using index。

（7）【推荐】利用延迟关联或者子查询优化超多分页场景。

说明：MySQL 并不是跳过 offset 行，而是取 offset+N 行，然后返回放弃前 offset 行，返回 N 行，那么当 offset 特别大的时候，效率就非常低下，要么控制返回的总页数，要么对超过特定阈值的页数进行 SQL 改写。

正例：先快速定位需要获取的 id 段，然后再关联。

select a.* from 表 1 a, (select id from 表 1 where 条件 limit100000,20) b where a.id=b.id

（8）【推荐】SQL 性能优化的目标：至少要达到 range 级别，要求是 ref 级别，如果可以是 consts 最好。

说明：

① consts 单表中最多只有一个匹配行（主键或者唯一索引），在优化阶段即可读取到数据。

② ref 指的是使用普通的索引（normal index）。

③ range 对索引进行范围检索。

反例：explain 表的结果，type=index，索引物理文件全扫描，速度非常慢，这个 index 级别比 range 还低，与全表扫描相比，更是小巫见大巫。

（9）【推荐】建组合索引的时候，区分度最高的在最左边。

正例：如果 where a=? and b=? ，a 列的几乎接近于唯一值，那么只需要单建 idx_a 索引即可。

说明：存在非等号和等号混合判断条件时，在建索引时，请把等号条件的列前置。如 where a>?and b=?，那么即使 a 的区分度更高，也必须把 b 放在索引的最前列。

（10）【推荐】防止因字段类型不同造成的隐式转换，导致索引失效。

（11）【参考】创建索引时避免有如下极端误解：

①宁滥勿缺。认为一个查询就需要建一个索引。

②宁缺勿滥。认为索引会消耗空间，严重拖慢更新和新增速度。

③抵制唯一索引。认为业务的唯一性一律需要在应用层通过"先查后插"方式解决。

三、SQL 语句

（1）【强制】不要使用 count(列名) 或 count(常量) 来替代 count(*)，count(*) 是 SQL92 定义的标准统计行数的语法，跟数据库无关，跟 Null 和非 Null 无关。

说明：count(*) 会统计值为 Null 的行，而 count(列名) 不会统计此列为 Null 值的行。

（2）【强制】count(distinct col) 计算该列除 Null 外的不重复行数，注意 count(distinct col1, col2) 如果其中一列全为 Null，那么即使另一列有不同的值，也返回 0。

（3）【强制】当某一列的值全是 Null 时，count(col) 的返回结果为 0，但 sum(col) 的返回结果为 Null，因此使用 sum() 时需注意 NPE 问题。

正例：可以使用如下方式来避免 sum 的 NPE 问题：SELECT IF(ISNULL (SUM(g)),0,SUM(g))FROM table;

（4）【强制】使用 ISNULL() 来判断是否为 Null 值。

说明：Null 与任何值的直接比较都为 Null。

① Null< >Null 的返回结果是 Null，而不是 false。

② Null=Null 的返回结果是 Null，而不是 true。

③ Null< >1 的返回结果是 Null，而不是 true。

（5）【强制】在代码中写分页查询逻辑时，若 count 为 0 应直接返回，避免执行后面的分页语句。

（6）【强制】不得使用外键与级联，一切外键概念必须在应用层解决。

说明：以学生和成绩的关系为例，学生表中的 student_id 是主键，那么成绩表中的 student_id 为外键。如果更新学生表中的 student_id，同时触发成绩表中的 student_id 更新，即为级联更新。外键与级联更新适用于单机低并发，不适合分布式、高并发集群；级联更新是强阻塞，存在数据库更新风暴的风险；外键影响数据库的插入速度。

（7）【强制】禁止使用存储过程，存储过程难以调试和扩展，更没有移植性。

（8）【强制】数据订正时，删除和修改记录时，要先 select，避免出现误删除，确认无误才能执行更新语句。

（9）【推荐】in 操作能避免则避免，若实在避免不了，需要仔细评估 in 后边的集合元素数量，控制在 1 000 个之内。

（10）【参考】如果有全球化需要，所有的字符存储与表示均以 UTF-8 编码，注意字符统计函数的区别。

说明：

select length (" 轻松工作 ")；返回值为 12

select character_length(" 轻松工作 ")；返回值为 4

如果需要存储表情，那么选择 utfmb4 来存储，注意它与 UTF-8 编码的区别。

（11）【参考】truncate table 比 delete 速度快，且使用的系统和事务日志资源少，但 truncate 无事务且不触发 trigger 有可能造成事故，故不建议在开发代码中使用此语句。

说明：truncate table 在功能上与不带 where 子句的 delete 语句相同。

四、ORM 映射

（1）【强制】在表查询中，一律不要使用 * 作为查询的字段列表，需要哪些字段必须明确写明。

说明：①增加查询分析器解析成本。②增减字段容易与 resultMap 配置不一致。

（2）【强制】POJO 类的布尔属性不能加 is，而数据库字段必须加 is_，要求在 resultMap 中进行字段与属性之间的映射。

说明：参见定义 POJO 类及数据库字段定义的规定，在 resultMap 中增加映射是必须的。在 MyBatis Generator 生成的代码中，需要进行对应的修改。

（3）【强制】不要用 resultClass 当返回参数，即使所有类属性名与数据库字段一一对应，也需要定义；反过来，每一个表也必然有一个与之对应。

说明：配置映射关系，使字段与 DO 类解耦，方便维护。

（4）【强制】sql.xml 配置参数使用：#{}、#param#，不要使用 ${}，此种方式容易出现 SQL 注入。

（5）【强制】iBATIS 自带的 queryForList(String statementName,int start,int size) 不推荐使用。

正例：Map map = new HashMap();

map.put("start", start);

map.put("size", size);

（6）【强制】不允许直接拿 HashMap 与 Hashtable 作为查询结果集的输出。

说明：resultClass="Hashtable"，会置入字段名和属性值，但是值的类型不可控。

（7）【强制】更新数据表记录时，必须同时更新记录对应的 gmt_modified 字段值为当前时间。

（8）【推荐】不要写一个大而全的数据更新接口，

传入为 POJO 类，不管是不是自己的目标更新字段，都进行 update table set c1=value1,c2=value2,c3=value3; ，这是不对的。执行 SQL 时，不要更新无改动的字段，一是易出错；二是效率低；三是增加 binlog 存储。

（9）【参考】@Transactional 事务不要滥用，事务会影响数据库的 QPS。另外，使用事务的地方需要考虑各方面的回滚方案，包括缓存回滚、搜索引擎回滚、消息补偿、统计修正等。

（10）【参考】<isEqual> 中的 compareValue 是与属性值对比的常量，一般是数字，表示相等时带上此条件；表示不为空且不为 Null 时执行；表示不为 Null 值时执行。

第六章　Rust 编程规范

一、空白

- 每行不能超出 99 个字符。
- 缩进只用空格，不用 Tab。
- 行和文件末尾不要有空白。

二、空格

- 二元运算符左右加空格，包括属性里的等号：

```
#[deprecated = "Use `bar` instead."]
fn foo(a: usize, b: usize) -> usize {
a + b
}
```

- 在分号和逗号后面加空格：

```
fn foo(a: Bar);

MyStruct { foo: 3, bar: 4 }

foo(bar, baz);
```

- 在单行语句块或 struct 表达式的开始大括号之后和结束大括号之前加空格：

```
spawn(proc() { do_something(); })

Point { x: 0.1, y: 0.3 }
```

三、折行

- 对于多行的函数签名，每个新行和第一个参数对齐。允许每行有多个参数：

```rust
fn frobnicate(a: Bar, b: Bar,
              c: Bar, d: Bar)
              -> Bar {
    ...
}

fn foo<T: This,
       U: That>(
       a: Bar,
       b: Bar)
       -> Baz {
...
}
```

- 多行函数调用一般遵循和签名统一的规则。然而，如果最后的参数开始了一个语句块，块的内容可以开始一个新行，缩进一层：

```rust
fn foo_bar(a: Bar, b: Bar,
           c: |Bar|) -> Bar {
...
}

// 可以在同一行：
foo_bar(x, y, |z| { z.transpose(y) });

// 也可以在新一行缩进函数体：
foo_bar(x, y, |z| {
    z.quux();
    z.rotate(x)
})
```

四、对齐

常见代码不必在行中用多余的空格来对齐。

```
// 好
struct Foo {
    short: f64,
    really_long: f64,
}

// 坏
struct Bar {
    short:      f64,
    really_long: f64,
}

// 好
let a = 0;
let radius = 7;

// 坏
let b        = 0;
let diameter = 7;
```

五、避免块注释

使用行注释：

```
// 等待主线程返回，并设置过程错误码
// 明显地。
```

而不是：

```
/*
 * 等待主线程返回，并设置过程错误码
 * 明显地。
 */
```

六、文档注释

文档注释前面加三个斜线（///），而且提示希望将注释包含在 Rustdoc 的输出里。它们支持 Markdown 语言，而且是注释公开 API 的主要方式。

支持的 Markdown 功能包括列在 GitHub Flavored Markdown 文档中的所有扩展，加上上角标。

七、总结行

任何文档注释中的第一行应该是一行总结代码的单行短句。该行为对 Rustdoc 输出中的一个简短的总结性描述，所以让它短比较好。

八、句子结构

所有的文档注释，包括总结行，应该以大写字母开始，以句号、问号或者感叹号结束。最好使用完整的句子而不是片段。

总结行应该以第三人称单数陈述句形式来写。基本上，这意味着用"Returns"而不是"Return"。

例如：

```
/// 根据编译器提供的参数，设置一个缺省的运行时配置。
///
/// 这个函数将阻塞直到整个 M:N 调度器池退出了。
/// 这个函数也要求一个本地的线程可用。
///
/// # 参数
///
```

```
/// * `argc` 和 `argv` - 参数向量。在 Unix 系统中，该信息被 `os::args` 使用。
///
/// * `main` - 运行在 M:N 调度器池内的初始过程。
///            一旦这个过程退出，调度池将开始关闭。
///            整个池（和这个函数）将在所有子线程完成执行后。
///
/// # 返回值
///
/// 返回值被用作进程返回码。成功是 0，101 是错误。
```

九、避免文档内注释

内嵌文档注释只用于注释 crates 和文件级的模块：

```
//! 核心库。
//!
//! 核心库是 ...
```

十、解释上下文

Rust 没有特定的构造器，只有返回新实例的函数。 这些在自动生成的类型文档中是不可见的，因此应该专门链接到它们：

```
/// An iterator that yields `None` forever after the underlying iterator
/// yields `None` once.
///
/// These can be created through
/// [`iter.fuse()`](trait.Iterator.html#method.fuse).
pub struct Fuse<I> {
    // ...
}
```

十一、开始的大括号总是出现的同一行

```rust
fn foo() {
    ...
}

fn frobnicate(a: Bar, b: Bar,
              c: Bar, d: Bar)
              -> Bar {
    ...
}

trait Bar {
    fn baz(&self);
}

impl Bar for Baz {
    fn baz(&self) {
        ...
    }
}

frob(|x| {
    x.transpose()
})
```

十二、match 分支有大括号，除非是单行表达式

```rust
match foo {
    bar => baz,
    quux => {
```

```
        do_something();
        do_something_else()
    }
}
```

十三、return 语句有分号

```
fn foo() {
    do_something();

    if condition() {
        return;
    }

    do_something_else();
}
```

十四、行尾的逗号

```
Foo { bar: 0, baz: 1 }

Foo {
    bar: 0,
    baz: 1,
}

match a_thing {
    None => 0,
    Some(x) => 1,
}
```

十五、一般命名约定

通常，Rust 倾向于为"类型级"结构（类型和 traits）使用 CamelCase，而为"值级"结构使用 snake_case。更确切的约定如表 6-1 所示。

表 6-1 命名约定

条目	约定
Crates	snake_case（但倾向于单个词）
Modules	snake_case
Types	CamelCase
Traits	CamelCase
Enum variants	CamelCase
Functions	snake_case
Methods	snake_case
General constructors	new 或 with_more_details
Conversion constructors	from_some_other_type
Local variables	snake_case
Static variables	SCREAMING_SNAKE_CASE
Constant variables	SCREAMING_SNAKE_CASE
Type parameters	简洁 CamelCase，通常单个大写字母：T
Lifetimes	短的小写：'a

在 `CamelCase` 中，首字母缩略词被当成一个单词：用 `Uuid` 而不是 `UUID`。在 `snake_case` 中，首字母缩略词全部是小写：`is_xid_start`。

在 `snake_case` 或 `SCREAMING_SNAKE_CASE` 中，"单词"永远不应该只包含一个字母，除非是最后一个"单词"。所以，我们有 `btree_map` 而不是 `b_tree_map`，`PI_2` 而不是 `PI2`。

十六、引用函数 / 方法名中的类型

函数名经常涉及类型名，最常见的约定例子如 `as_slice`。如果类型有一个纯粹的文本名字（忽略参数），在类型约定和函数约定之间转换是直截了当的（见表 6-2）。

表 6-2　类型约定

类型	方法中的文本
`String`	`string`
`Vec<t>`	`vec`
`YourType`	`your_type`

涉及记号的类型遵循以下约定。这些规则有重叠，应用最适用的规则（见表 6-3）。

表 6-3　记号的类型约定

类型名	方法中的文本
`&str`	`str`
`&[T]`	`slice`
`&mut [T]`	`mut_slice`
`&[u8]`	`bytes`
`&T`	`ref`
`&mut T`	`mut`
`*const T`	`ptr`
`*mut T`	`mut_ptr`

十七、避免冗余的前缀

一个模块中条目的名字不应以模块的名字作为前缀：

倾向于

```
mod foo {
    pub struct Error { ... }
}
```

而不是

```
mod foo {
    pub struct FooError { ... }
}
```

这个约定避免了口吃（如 `io::IoError`）。库客户端可以在导入时重命名以避免冲突。

十八、getter/setter 方法

一些数据类型不希望提供对它们域的直接访问，但是提供了" getter"和"setter"方法用于操纵域状态（经常提供检查或其他功能）。

域 `foo: T` 的约定是：

• 方法 `foo(&self) -> &T` 用于获得该域的当前值。

• 方法 `set_foo(&self, val: T)` 用于设置域。（这里的 `val` 参数可能取 `&T` 或其他类型，取决于上下文。）

请注意，这个约定是关于通常数据类型的 getters/setters，不是关于构建者对象的。

十九、断言

• 简单的布尔断言应该加上 `is_` 或者其他的简短问题单词作为前缀，如 e.g.、`is_empty`。

• 常见的例外：`lt`、`gt` 和其他已经确认的断言名。

二十、导入

一个 crate/ 模块的导入应该按顺序，包括下面各个部分，之间以空行分隔：

• `extern crate` 指令。

• 外部 `use` 导入。

• 本地 `use` 导入。

• `pub use` 导入。

例如：

```
// Crates.
extern crate getopts;
extern crate mylib;
```

```
// 标准库导入。
use getopts::{optopt, getopts};
use std::os;
```

```
// 从一个我们写的库导入。
use mylib::webserver;
```

```
// 当导入这个模块时会被重新导出。
pub use self::types::Webdata;
```

二十一、避免 `use *`，除非在测试里

Glob 导入有几个缺点：
- 更难知道名字在哪里绑定。
- 它们前向不兼容，因为新的上流导出可能与现存的名字冲突。

在写 `test` 子模块时，为方便导入 `super::*` 是合适的。

二十二、当模块限定函数时，倾向于完全导入类型 /traits

例如：

```
use option::Option;
use mem;
```

```
let i: isize = mem::transmute(Option(0));
```

二十三、在 crate 级重新导出最重要的类型

Crates `pub use` 为最常见的类型，因此客户端不必记住或写 crate 的模块结构来使用这些类型。

二十四、类型和操作在一起定义

类型定义和使用它们的函数 / 模块应该在同一模块中定义，类型出现在函数 / 模块的前面。

第七章 PHP 编程规范

本规范希望通过制定一系列规范化的 PHP 代码规则，减少在浏览不同作者的代码时，因代码风格不同而造成的不便。

当多名程序员在多个项目中合作时，就需要一个共同的编码规范，而本章中的风格规范源自多个不同项目代码风格的共同特性。因此，本规范的价值在于我们都遵循这个编码风格，而不在于它本身。

本章的预期读者为 PHP 开发人员。

一、文件夹

文件夹名称必须符合 CamelCase 式的大写字母开头驼峰命名规范。

二、文件

（1）PHP 代码文件必须采用不带 BOM 的 UTF-8 编码。

（2）纯 PHP 代码文件必须省略最后的 ?> 结束标签。

三、行

（1）行的长度一定限制在 140 个字符以内。

（2）非空行后一定不能有多余的空格符。

（3）每行一定不能存在多于一条语句。

（4）适当空行可以使得阅读代码更加方便，以及有助于代码的分块（但注意不能滥用空行）。

四、缩进

代码必须使用 4 个空格符的缩进，一定不能用 Tab 键。

五、关键字及 true/false/null

PHP 所有关键字必须全部小写。

常量 true、false 和 null 必须全部小写。

六、namespace 及 use 声明

namespace 声明后必须插入一个空行。

所有 use 必须在 namespace 后声明。

每条 use 声明语句必须只有一个 use 关键词。

use 声明语句块后必须有一个空行。

例如：

```php
<?php
namespace VendorgiPackage;

use FooClass;
use BarClass as Bar;
use OtherVendorgiOtherPackageBazClass;

// ... additional PHP code ...
```

七、类（class）

这里的类是广义的类，它包含所有的类（classes）、接口（interface）和 traits。类的命名必须遵循大写字母开头的驼峰式命名规范。

```php
<?php
namespace VendorgiPackage;

class ClassName
{

    // constants, properties, methods

}
```

八、extends 和 implements

关键词 extends 和 implements 必须写在类名称的同一行。

<p 类的开始花括号必须独占一行，结束花括号也必须在类主体后独占一行。

```
<?php
namespace VendorgiPackage;
use FooClass;
use BarClass as Bar;
use OtherVendorgiOtherPackage\BazClass;
class ClassName extends ParentClass implements giArrayAccess, \Countable
{
    // constants, properties, methods
}
```

implements 的继承列表如果超出 140 个字符也可以分成多行，这样的话，每个继承接口名称都必须分开独立成行，包括第一个。

```
<?php
namespace VendorgiPackage;
use FooClass;
use BarClass as Bar;
use OtherVendorgiOtherPackage\BazClass;
class ClassName extends ParentClass implements
    giArrayAccess,
    giCountable,
    giSerializable
{
    // constants, properties, methods
}
```

九、常量

类的常量中所有字母都必须大写，词间以下划线分隔。参照以下代码：

```php
<?php
namespace VendorgiPackage;
use FooClass;
use BarClass as Bar;
use OtherVendorgiOtherPackage\BazClass;
class ClassName extends ParentClass implements giArrayAccess, \Countable
{
    const VSESION = '1.0';
    const SITE_URL = 'http://www.×××.com ';

}
```

十、属性

类的属性命名必须遵循小写字母开头的驼峰式命名规范（$camelCase）。

必须对所有属性设置访问控制（如 public、protect、private）。

一定不可使用关键字 var 声明一个属性。

每条语句一定不可定义超过一个属性。

不要使用下划线作为前缀来区分属性是 protected 还是 private。

定义属性时先常量属性再变量属性，先 public 然后 protected，最后 private。

以下是属性声明的一个范例：

```php
<?php
namespace VendorgiPackage;
class ClassName
{
    const VSESION = '1.0';
public $foo = null;
```

```
protected $sex;
private $name;
}
```

十一、方法

方法名称必须符合 camelCase() 式的小写字母开头驼峰命名规范。

所有方法都必须设置访问控制（如 public、protect、private）。

不要使用下划线作为前缀来区分方法是 protected 还是 private。

方法名称后一定不能有空格符，其开始花括号必须独占一行，结束花括号也必须在方法主体后单独成一行。参数左括号后和右括号前一定不能有空格。

一个标准的方法声明可参照以下范例，留意其括号、逗号、空格及花括号的位置。

```php
<?php
namespace VendorgiPackage;
class ClassName
{
    public function fooBarBaz($storeName, $storeId, array $info = [])
    {
        // method body
    }
}
```

十二、方法参数

方法参数名称必须符合 camelCase 式的小写字母开头驼峰命名规范。

在参数列表中，每个参数后面必须有一个空格，而前面一定不能有空格。

有默认值的参数，必须放在参数列表的末尾。

如果参数类型为对象，必须指定参数类型为具体的类名，如下的 $bazObj 参数。

如果参数类型为 array，必须指定参数类型为 array，如下的 $info。

```php
<?php
namespace VendorgiPackage;
class ClassName
{
    public function foo($storeName, $storeId, BazClass $bazObj, array $info
= [])
    {
        // method body
    }
}
```

参数列表超过 140 个字符可以拆分成多行，这样，包括第一个参数在内的每个参数都必须单独成行。

拆分成多行的参数列表后，结束括号及最后一个参数必须写在同一行，其开始花括号必须独占一行，结束花括号也必须在方法主体后单独成行。

```php
<?php
namespace VendorgiPackage;
class ClassName
{
    public function aVeryLongMethodName(
        ClassTypeHint $arg1,
        &$arg2,
        array $arg3 = [])
    {
        // method body
    }
}
```

十三、abstract、final 及 static

需要添加 abstract 或 final 声明时，必须将其写在访问修饰符前，而 static

则必须写在其后。

```php
<?php
namespace VendorgiPackage;
abstract class ClassName
{
    protected static $foo;
    abstract protected function zim();
    final public static function bar()
    {
        // method body
    }
}
```

十四、方法及方法调用

方法及方法调用时，方法名与参数左括号之间一定不能有空格，参数右括号前也一定不能有空格。每个参数前一定不能有空格，但其后必须有一个空格。

```php
<?php
bar();
$foo->bar($arg1);
Foo::bar($arg2, $arg3);
```

参数列表超过 140 个字符可以拆分成多行，此时包括第一个参数在内的每个参数都必须单独成行。

```php
<?php
$foo->bar(
$longArgument,
$longerArgument,
$muchLongerArgument);
```

十五、控制结构（control structures）

控制结构的基本规范如下：

控制结构关键词后必须有一个空格。

左括号后一定不能有空格。

右括号前也一定不能有空格。

右括号与开始花括号间一定有一个空格。

结构体主体一定要有一次缩进。

结束花括号一定在结构体主体后单独成行。

每个结构体的主体都必须被包含在成对的花括号中，这能让结构体更加标准，以及减少加入新行时，引入出错的可能性。

十六、if、elseif 和 else

标准的 if 结构如下代码所示，留意括号、空格及花括号的位置，注意 else 和 elseif 都与前面的结束花括号在同一行。

```php
<?php
if ($expr1) {
    // if body
} elseif ($expr2) {
    // elseif body
} else {
    // else body;
}
// 单个 if 也必须带有花括号
if ($expr1) {
    // if body

}
```

应该使用关键词 elseif 代替所有 else if，以使得所有的控制关键词都像是单独的一个词。

十七、switch 和 case

标准的 switch 结构如下代码所示，留意括号、空格及花括号的位置。case 语句必须相对 switch 进行一次缩进，而 break 语句及 case 内的其他语句都必须相对 case 进行一次缩进。 如果存在非空的 case 直穿语句，主体里必须有类似 // no break 的注释。

```php
<?php
switch ($expr) {
    case 0:
        echo 'First case, with a break';
        break;
    case 1:
        echo 'Second case, which falls through';
        // no break
    case 2:
    case 3:
    case 4:
        echo 'Third case, return instead of break';
        return;
    default:
        echo 'Default case';
        break;
}
```

十八、while 和 do while

一个规范的 while 语句应该如下所示，注意其括号、空格及花括号的位置。

```php
<?php
while ($expr) {
// structure body
}
```

标准的 do while 语句如下所示，同样注意其括号、空格及花括号的位置。

```php
<?php
do {
// structure body;
} while ($expr);
```

十九、for

标准的 for 语句如下所示，注意其括号、空格及花括号的位置。

```php
<?php
for ($i = 0; $i < 10; $i++) {
    // for body
}
```

二十、foreach

标准的 foreach 语句如下所示，注意其括号、空格及花括号的位置。

```php
<?php
foreach ($iterable as $key => $value) {
    // foreach body
}
```

二十一、try catch

标准的 try catch 语句如下所示，注意其括号、空格及花括号的位置。

```php
<?php
try {
    // try body
} catch (FirstExceptionType $e) {
    // catch body
} catch (OtherExceptionType $e) {
    // catch body
}
```

二十二、闭包

闭包声明时，关键词 function 后及关键词 use 的前后都必须有一个空格。

开始花括号必须写在声明的下一行，结束花括号必须紧跟主体结束的下一行。

参数列表和变量列表的左括号后及右括号前，必须不能有空格。

参数和变量列表中，逗号前必须不能有空格，而逗号后必须有空格。

闭包中有默认值的参数必须放到列表的后面。

标准的闭包声明语句如下所示，注意其括号、逗号、空格及花括号的位置。

```php
<?php
$closureWithArgs = function ($arg1, $arg2)
{
    // body
};
$closureWithArgsAndVars = function ($arg1, $arg2) use ($var1, $var2)
{
    // body
};
```

参数列表及变量列表可以拆分成多行，这样，包括第一个参数在内的每个参数或变量都必须单独成行。

以下几个例子包含了参数和变量列表被拆分成多行的情况。

```php
<?php
$longArgsNoVars = function (
    $longArgument,
    $longerArgument,
    $muchLongerArgument)
{
    // body
};
$noArgsLongVars = function () use (
    $longVar1,
    $longerVar2,
    $muchLongerVar3)
{
    // body
};
$longArgsLongVars = function (
    $longArgument,
    $longerArgument,
    $muchLongerArgument
) use (
    $longVar1,
    $longerVar2,
    $muchLongerVar3)
{
    // body
};
$longArgsShortVars = function (
    $longArgument,
    $longerArgument,
    $muchLongerArgument
```

```
) use ($var1)
{
    // body
};
$shortArgsLongVars = function ($arg) use (
    $longVar1,
    $longerVar2,
    $muchLongerVar3
)
{
    // body
};
```

注意，闭包被直接用作函数或方法调用的参数时，以上规则仍然适用。

```
<?php
$foo->bar(
$arg1,
function ($arg2) use ($var1)
{
    // body
},
$arg3);
```

二十三、注释

1. 文件注释

注释开始用"/*"不可以用"/**"；结束用"/*"不可以用"/**"。

第二行 PHP 版本信息，版本信息后有一空行。

注释内容对齐，注释之间不可有空行。

星号和注释内容中间必须有一个空格。

保持注释顺序一致：先 @copyright，然后 @ link，再 @ license。

2. 类注释

注释开始用"/**"，不可以用"/*"；结束用"*/"，不可以用"**/"。

第二行开始描述，描述后有一空行。

注释内容对齐，注释之间不可有空行。

星号和注释内容中间必须有一个空格。

保持注释顺序一致：先 @author，然后 @since，再 @version。

3. 属性注释

注释开始用"/**"，不可以用"/*"；结束用"*/"，不可以用"**/"。

星号和注释内容中间必须有一个空格。

使用 var 注释并注明类型。

注释基本类型包括 int、string、array、boolean、具体类名称。

4. 方法注释

注释开始用"/**"不可以用"/*"，结束用"*/"，不可以用"**/"。

第二行开始方法描述，方法描述后有一空行。

注释内容对齐，注释之间不可有空行。

星号和注释内容中间必须有一个空格。

注释顺序为 @param、@return、@author 和 @since，参数的顺序必须与方法参数顺序一致。

参数和返回值注释包括基本类型（int、string、array、boolean 和 unknown）和对象，如果多个可能类型使用 | 分割。

如果参数类型为对象，必须指定参数类型为具体的类名。

如果参数类型为 array，必须指定参数类型为 array。

需要作者和日期注释，日期为最后修改日期。

5. 其他注释

代码注释尽量使用"//"。

注释内容开始前必须有一个空格。

代码行尾注释 // 前面必须有一个空格。

代码注释与下面的代码对齐。

第八章 ETL 测试的基本和高级概念

本章提供了 ETL 测试的基本和高级概念,是为初学者和专业人士设计的。

ETL 测试是为了确保业务转型后数据从源加载到目标是准确的。它还涉及在源和目标之间使用的各个阶段的数据验证(见图 8-1)。

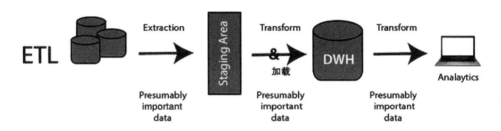

图 8-1 ETL 在源和目标之间的数据验证图

第一节　ETL 简介

一、什么是 ETL？

ETL 代表提取、转换和加载。ETL 将所有三个数据库功能组合到一个工具中，以从一个数据库中获取数据并将其放入另一个数据库中。

提取：提取是从数据库中获取（读取）信息的过程。在这个阶段，数据是从多个或不同类型的来源收集的。

转换：转换是将提取的数据从先前的形式转换为所需的形式的过程。数据可以放入另一个数据库，可以通过使用规则或查找表或将数据与其他数据组合来进行转换。

加载：加载是将数据写入目标数据库的过程。

ETL 用于在提取、转换和加载三个步骤的帮助下整合数据，并用于混合来自多个源的数据。它通常用于构建数据仓库。

ETL 过程将从源系统中提取数据并转换成可以检查的格式存储到数据仓库或任何其他系统。ETL 是一种备用但相关的方法，旨在将处理推到数据库以提高性能。

二、示例

零售店有销售、市场、物流等不同部门，每个部门都独立处理客户的信息，每个部门存储数据的方式也大不相同。销售部门按客户名称存储，营销部门按客户 ID 存储。现在，如果想查看客户的历史记录并想知道他 / 她因各种活动购买了哪些不同的产品，这将是非常困难的。

对此的解决方案是使用数据仓库将不同来源的信息利用 ETL 以统一的结构存储起来。ETL 工具从所有这些数据源中提取数据、转换数据（如应用计算、连接字段、删除不正确的数据字段等），并加载到数据仓库中。ETL 可以将独特的数据集转化为统一的结构。之后，使用商业智能（BI）工具从这些数据中生成有意义的报告、仪表板、可视化。

三、需要 ETL 的原因

需要 ETL 的原因有很多，具体如下：

- ETL 可帮助公司分析其业务数据，以制定关键业务决策。
- 数据仓库提供共享数据存储库。
- ETL 提供了一种将数据从各种源移动到数据仓库中的方法。
- 随着数据源的变化，数据仓库会自动更新。
- 精心设计和记录的 ETL 系统对于数据仓库项目的成功至关重要。
- 事务数据库无法回答 ETL 可以解决的复杂业务问题。
- ETL 过程允许在源系统和目标系统之间进行样本数据比较。
- ETL 过程可以执行复杂的转换，并且需要额外的区域来存储数据。
- ETL 有助于将数据迁移到数据仓库中。
- ETL 是之前定义的一个过程，用于访问和操作源数据到目标数据库。
- 出于商业目的，ETL 提供了深刻的历史背景。
- 它有助于提高工作效率，因为它经过编纂并且无须技术技能即可重复使用。

四、ETL 的工作流程

从一个或多个源提取数据，然后复制到数据仓库。当处理大量数据和多源系统时，数据会被整合。 ETL 用于将数据从一个数据库迁移到另一个数据库。 ETL 是需要从数据集市和数据仓库加载数据的过程。 ETL 是一个过程，也用于将数据从一种格式转换为另一种格式。

五、数据仓库中的 ETL 流程

我们需要定期加载数据仓库，以便它能够起到促进业务分析的作用。需要预期来自一个或多个操作系统的数据，并将其复制到数据仓库中。数据仓库面临的挑战是整合和重新排列多年来的大量数据。从源系统中提取数据，并将其带入数据仓库的过程，通常称为 ETL。 ETL 的工作方法和任务已为人所知多年。数据必须能够在尝试集成它们的应用程序或系统之间共享。

ETL 是一个三步流程（见图 8-2）。

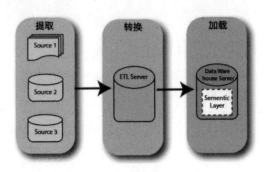

图 8-2　ETL 的步骤

1. 提取

在此步骤中，将数据从源系统提取到 ETL 服务器或暂存区域。在此区域进行转换，以便不降低源系统的性能。如果将损坏的数据从源系统直接复制到数据仓库中，那么回滚将是一个挑战。暂存区域允许在提取的数据进入数据仓库之前对其进行验证。

需要将系统集成到具有不同 DBMS、硬件、操作系统和通信协议的数据仓库中。在物理提取和加载数据之前，这里需要一个逻辑数据映射。此数据映射描述了源数据和目标数据之间的所有关系。

提取数据的方法有三种：

- 完全提取。
- 部分提取（无更新通知）。
- 部分提取（有更新通知）。

无论使用何种提取方法，都不应影响源系统的性能和响应时间。这些源系统是实时生产系统。

提取过程中的验证：

- 用源数据确认记录。
- 应检查数据类型。
- 它会检查所有的键是否到位。
- 必须确保没有加载垃圾邮件或不需要的数据。
- 删除所有类型的片段和重复数据。

2. 转换

从源服务器提取的数据是原始数据，不能以其原始形式使用。因此，应该对数据进行映射、清理和转换。转换是 ETL 过程添加值和更改数据（例如可以生成 BI 报告）的重要步骤。

在此步骤中，对提取的数据应用一组函数。不需要任何转换的数据称为直接移动或传递数据。

在这一步中，我们可以对数据进行自定义操作。例如，表中的名字和姓氏在不同的列中，可以在加载之前将它们连接起来。

转换期间的验证：

- 过滤：加载时只选择特定的列。
- 字符集转换和编码处理。
- 数据阈值和验证检查。
- 例如，年龄不能超过两位数。
- 必填字段不应留空。
- 转置行和列。
- 合并数据使用查找。

3. 加载

将数据加载到数据仓库是 ETL 流程的最后一步。海量数据需要在短时间内加载到数据仓库中。为了提高性能，应该优化加载。

如果加载失败，应该有恢复机制从故障点重新加载，而不会丢失数据完整性。数据仓库管理员需要根据服务器性能监控、恢复和取消加载。

加载类型如下：

- 初始加载：填满整个数据仓库表。
- 增量加载：在需要时应用更改。
- 完全刷新：擦除一个或多个表的内容，并重新加载新数据。

4. 总结

- ETL 被称为提取、加载和转换。
- ETL 提供了将数据从各种源移动到数据仓库的方法。

- 第一步包括将数据从源系统提取到暂存区域。
- 转换步骤包括对从源中提取的数据进行清理和转换。
- 将数据加载到数据仓库是 ETL 流程的最后一步。

第二节　ETL 架构

ETL 代表提取、转换和加载。在当今的数据仓库世界中，该术语扩展到 E-MPAC-TL 或提取、转换和加载、监控、质量保证、数据概要分析、数据分析、源分析、清理（见图 8-3）。换句话说，ETL 专注于数据质量和元数据。

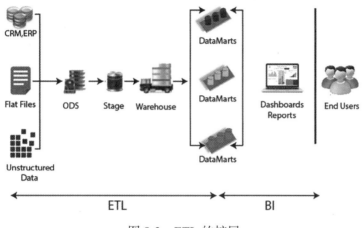

图 8-3　ETL 的扩展

一、提取

提取的主要目标是尽可能快地从源系统收集数据，而且应根据情况为源日期 / 时间戳、数据库日志表、混合选择最适用的提取方法（见图 8-4）。

Extraction

图 8-4　从源系统收集数据

二、转换和加载

转换和加载数据都是要对数据进行整合，最后将整合后的数据移动到展示区，最终用户社区可以通过前端工具访问展示区。在这里，重点应该放在

ETL 工具提供的功能上，并最有效地使用它。但是仅使用 ETL 工具是不够的，在大中型数据仓库环境中，尽可能将数据标准化而不是进行自定义非常重要。ETL 将减少不同源到目标开发活动的吞吐时间，这些活动构成了传统 ETL 工作的大部分。

三、监控

监控数据可以验证数据在整个 ETL 过程中移动，监控数据有两个主要目标。首先，应该对数据进行筛选，并且在尽可能多地筛选传入数据和在进行过多检查时不减慢整个 ETL 过程之间取得适当的平衡。这里可以应用在 Ralph Kimbal 筛选技术中使用的由内而外的方法。这种技术可以基于一组预定义的元数据业务规则一致地捕获所有错误，并通过简单的星型模式实现对它们的报告，从而可以查看数据质量随时间的演变。其次，应该关注 ETL 性能。这个元数据信息可以插入所有维度和事实表中，可以称为审计维度。

四、质量保证

质量保证是定义不同阶段的一个过程，可以根据需要定义，这些过程可以检查数据价值的完整性；在不同的 ETL 阶段，我们是否仍然拥有相同数量的记录或特定措施的总数？此信息应作为元数据捕获。最后，应该在整个 ETL 过程中预见数据沿袭，包括产生的错误记录。

五、数据概要分析

数据概要分析用于生成有关源的统计信息。数据概要分析的目标是了解源。数据概要分析将使用分析技术通过分析和验证数据模式和格式，以及通过识别和验证数据源中的冗余数据来发现数据的实际内容、结构和质量。必须使用正确的工具来自动化此过程。它提供了各种大量数据。

六、数据分析

为了分析概要数据的结果，可以使用数据分析。数据分析更容易识别数据质量问题，如数据缺失、数据不一致、数据无效、约束问题、孤儿、重复等父子问题。正确获取此评估的结果至关重要。数据分析将成为源和数据仓库团队之间解决悬而未决问题的沟通媒介。源到目标的映射高度依赖于源分析的质量。

七、源分析

在源分析中，不仅要关注源，还要关注周围环境，获取源文档。源应用程序的未来取决于源当前的数据问题、相应的数据模型 / 元数据存储库，以及源所有者对源模型和业务规则的演练。与源所有者举行频繁的会议以检测可能影响数据仓库和相关 ETL 过程的更改至关重要。

八、清理

在本阶段中，可以修复发现的错误，这是基于预定义规则集的元数据。在这里，需要区分完全或部分拒绝的记录，并能够手动更正问题或通过更正不准确的数据字段、调整数据格式等来修复数据。

E-MPAC-TL 是一个扩展的 ETL 概念，它试图在需求与系统、工具、元数据、技术问题和约束，以及最重要的数据本身的现实之间取得平衡。

第三节　ETL 测试

　　ETL 测试在数据移动到生产数据仓库系统之前完成。它也称为表平衡或产品协调。ETL 测试的范围和测试过程遵循的步骤与数据库测试不同。

　　ETL 测试是为了确保转换后从源加载到目标的数据是准确的。它涉及各个阶段的数据验证，用于源和目标之间（见图 8-5 ）。

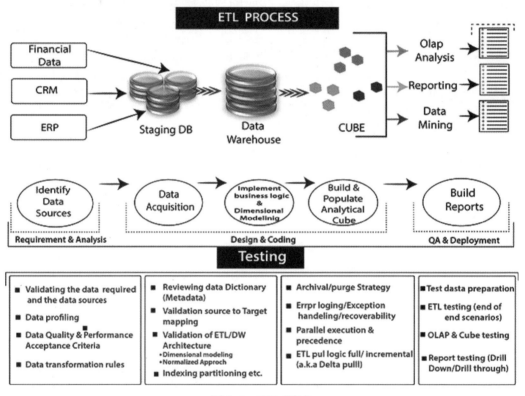

图 8-5　ETL 测试

一、ETL 测试流程

　　与其他测试流程一样，ETL 测试也经过一些测试流程（见图 8-6 ）。

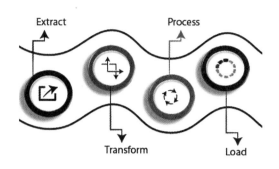

图 8-6 ETL 测试流程

ETL 测试分五个阶段进行。

- ETL 测试确定数据源和要求。

- 数据恢复。

- 实施维度建模和业务逻辑。

- 构建和填充数据。

- 构建报告。

二、ETL 测试的类型

ETL 测试的类型有以下几种。

（1）新数据仓库测试：它是从核心构建和验证的。在此测试中，输入来自客户的需求和不同的数据源。但是，新的数据仓库是在 ETL 工具的帮助下构建和验证的。

以下是不同用户群体的职责：

- 业务分析师：业务分析师收集并记录要求。

- 基础设施人员：这些人员设置了测试环境。

- QA 测试人员：QA 测试人员制订测试计划和编写测试脚本，然后执行这些测试计划和脚本。

- 开发人员：开发人员为每个模块执行单元测试。

- 数据库管理员：数据库管理员测试性能和压力。

- 用户：用户进行功能测试，其中包括 UAT（用户验收测试）。

（2）生产验证测试：此测试是在数据移至生产系统时对数据进行的。Informatica 数据验证选项提供 ETL 测试和管理功能的自动化，以确保数据不会危及生产系统。

（3）源到目标测试（验证）：这种类型的测试是为了验证转换为预期数据值的数据值。

（4）应用程序升级：这种类型的 ETL 测试是自动生成的，节省了测试开发时间。这种类型的测试检查从旧应用程序中提取的数据与新应用程序中的数据完全相同。

（5）元数据测试：元数据测试包括数据类型、数据长度、校验指标／约束的测量。

（6）数据准确性测试：进行此测试是为了确保数据按预期准确加载和转换。

（7）数据转换测试：在许多情况下进行数据转换测试。它无法通过编写一个源 SQL 查询并将输出与目标进行比较来实现。需要为每一行运行多个 SQL 查询来验证转换规则。

（8）数据质量测试：数据质量测试包括语法和参考测试。为避免在业务流程期间因日期或订单号而出现任何错误，需要进行数据质量测试。

①语法测试：它会根据无效字符、字符模式、不正确的大写或小写顺序等报告脏数据。

②参考测试：它会根据数据模型检查数据。例如，客户 ID 数据质量检测包括数字校验、日期校验、精度校验等。

（9）增量 ETL 测试：进行此测试是为了在添加新数据时检查旧数据和新数据的数据完整性。增量测试验证即使在增量 ETL 过程中插入和更新数据后，系统也能正确处理。

（10）GUI/ 导航测试：此测试用于检查前端报告的导航或 GUI 方面是否正常。

（11）迁移测试：在此测试中，客户有一个现有的数据仓库，并且 ETL 正在执行这项工作。但客户正在寻找提高效率的工具。它包括以下步骤：

• 设计和验证测试。

• 设置测试环境。

• 执行验证测试。

• 报告错误。

（12）变更请求：在这种情况下，数据添加到现有数据仓库。可能会出现客户需要更改现有业务规则或集成新规则的情况。

（13）报告测试：数据仓库的最终结果——报告测试。报告应通过验证报告中的数据和布局进行测试。报告是制定重要业务决策的重要资源。

三、ETL 测试中执行的任务

ETL 测试中涉及的任务如下：

- 了解数据，用于报告。
- 数据模型审查。
- 生成从源到目标的映射。
- 检查源数据中的数据。
- 验证包和架构。
- 在目标系统中，应进行数据验证。
- 验证聚合规则和数据转换计算。
- 目标系统与数据源之间的数据对比。
- 对于目标系统，应检查质量和数据完整性。
- 数据性能测试。

四、ETL 测试和数据库测试的区别

ETL 测试和数据库测试都涉及数据验证，但二者并不相同。ETL 测试通常在数据仓库中的数据上执行，而数据库测试在事务系统上执行。数据从不同的应用程序进入事务数据库（见表 8-1）。

表 8-1　ETL 测试与数据库测试的区别

功能	ETL 测试	数据库测试
主要目标	针对 BI 报告的数据提取、转换和加载执行 ETL 测试	执行数据库测试以验证和集成数据
业务需求	用于信息、预测和分析报告的 ETL 测试	此测试用于集成来自多个应用程序和服务器影响的数据
适用系统	ETL 测试包含无法在业务流程环境中使用的历史数据	数据库测试包含发生业务流的事务系统
建模	采用多维方法	使用 ER 方法
数据库类型	ETL 测试应用于 OLAP 系统	数据库测试用于 OLTP 系统
数据类型	使用具有更少连接、更多索引和聚合的非规范化数据	使用带有连接的规范化数据
常用工具	QuerySurge、Informatica 等工具	QTP、Selenium 工具

（一）ETL 测试中执行的操作

ETL 测试执行以下操作：

• 验证从源系统到目标系统的数据移动。

• 源系统和目标系统中的数据计数验证。

• ETL 测试根据要求和预期验证转换、提取。

• ETL 测试可验证表关系连接和键是否在转换过程中被保留。

（二）数据库测试中执行的操作

数据库测试侧重于数据的准确性、数据的正确性和有效值。

数据库测试执行以下操作：

• 数据库测试侧重于验证表中具有有效数据值的列。

• 要验证是否维护了主键或外键，应使用数据库测试。

• 数据库测试验证列中是否缺少数据。（在这里，检查列中是否有任何应具有有效值的空值。）

• 验证列中数据的准确性。（例如，"月份数"列的值不应大于 12。）

五、ETL 性能测试

ETL 性能测试用于确保 ETL 系统可以处理多个用户和事务的预期负载。性能测试涉及 ETL 系统上的服务器端工作负载。

以下是 ETL 测试性能的步骤：

第 1 步：找到在生产中转换的负载。

第 2 步：创建相同负载的新数据或将其从生产数据移至本地服务器。

第 3 步：禁用 ETL，直到生成所需的代码。

第 4 步：从数据库表中计算所需的数据。

第 5 步：记下 ETL 的最后一次运行并启用 ETL。它会得到足够的压力来转换已创建的新数据并运行整个负载。

第 6 步：ETL 完成后，统计创建的数据。

应注意的基本表现：

• 找出转换负载所需的总时间。

- 找出已改进或下降的性能。
- 检查是否提取并转移了整个预期负载。

六、ETL 测试中的数据准确性

ETL 测试专注于数据准确性，以确保数据按照预期准确加载到目标系统。
以下是测试数据准确性应遵循的步骤：

值比较：在值比较中，将源系统和目标系统中的数据进行最小转换或不进行转换。ETL 测试可以通过使用各种 ETL 工具来实现。例如，Informatica 中的源限定符转换。

表达式转换也可以在数据准确性测试中执行。在 SQL 语句中可以使用一组运算符来检查源系统和目标系统中的数据准确性。

检查关键数据的列：关键数据列检查可以通过比较源系统和目标系统中的不同值来实现。

```
SELECT cust_name, order_id, city, count(*)  FROM customer GROUP BY
cust_name, order_id, city;
```

七、数据转换中的 ETL 测试

执行数据转换非常复杂，因为无法通过编写单个 SQL 查询并将输出与目标进行比较来实现。为了进行数据转换的 ETL 测试，必须为每一行编写多个 SQL 查询来验证转换规则。

要对数据转换执行成功的 ETL 测试，必须从源系统中选择足够的样本数据以应用转换规则。

为数据转换执行 ETL 测试的重要步骤如下：

步骤 1：为输入数据和预期结果创建一个场景。现在我们将与业务客户一起验证 ETL 测试。ETL 测试是在设计过程中收集需求的最佳方法，可以用作测试的一部分。

步骤 2：根据场景创建测试数据。ETL 开发人员将使用场景电子表格将填充数据集的整个过程自动化，从而实现在情况改变时提供多功能性和移动性。

步骤 3：利用数据分析结果，比较源数据和目标数据之间每个字段的值的范围并提交。

步骤 4：验证 ETL 生成字段的准确处理。例如，代理键。

步骤 5：验证仓库中与数据模型或设计中指定的数据类型相同的数据类型。

步骤 6：在测试参照完整性的表之间创建数据的场景。

步骤 7：验证父级与子级的关系。

步骤 8：执行查找转换。查找查询应该是直接的，没有任何数据收集，并且预期根据源表只返回一个值。可以直接在源限定符中加入查找表。如果不是这种情况，可以编写一个查询，将查找表与源中的主表连接起来，并比较目标中相应列中的数据。

八、ETL 测试用例

ETL 测试的目的是确保业务转型后从源到目的地加载的数据是准确的。

ETL 测试适用于信息管理行业的不同工具和数据库。

在 ETL 测试性能期间，ETL 测试人员始终使用两个文档，它们是 ETL 映射表和源（目标）的数据库架构。

（1）ETL 映射表：ETL 映射表包含源表和目标表的所有信息，包括每一列及其在引用表中的查找。 ETL 测试人员需要熟悉 SQL 查询，因为 ETL 测试可能涉及编写具有多个连接的大查询，以在 ETL 的任何阶段验证数据。ETL 映射表为我们编写数据验证查询提供了重要帮助。

（2）源（目标）的数据库架构：应保持可访问以验证映射表中的任何细节。

（一）ETL 测试场景和测试用例

具体见下表 8-2。

表 8-2　ETL 测试场景和测试用例

ETL 测试场景	ETL 测试用例
映射文档验证	验证映射文档是否提供了 ETL 信息，日志更改应该在每个映射文档中维护
验证	• 使用相应的映射文档验证目标和源表结构 • 源表和目标表的数据类型应该相同 • 源和目标的数据类型的长度应该相同 • 验证指定的数据字段类型和格式 • 源数据类型的长度不应小于目标数据类型的长度
约束验证	应该按照用户预期为特定表定义约束
数据一致性问题	• 特定属性的数据类型和长度可能因语义定义而在文件或表格中有所不同 • 滥用完整性约束
完整性问题	• 必须确保所有预期数据都加载到目标表中 • 比较源和目标之间的记录计数 • 检查被拒绝的记录 • 不应在截断表的列中截断数据 • 将检查边界值分析 • 比较仓库中加载的数据和源数据之间关键字段的唯一值
正确性问题	• 此场景用于更正拼写错误或记录不准确的数据 • 纠正数据，即 Null、非唯一和超出范围
转型/转换	• 此场景用于检查转换
数据质量	• 此场景用于检查号码并对其进行验证 • 数据检查：此场景将遵循日期格式，并且所有记录都应相同 • 精度检查 • Null 检查
空验证	• 此场景将验证 Null 值，其中为特定列指定了 not Null 值
重复检查	• 检查唯一键、主键和任何其他列的验证是否是唯一的，根据业务要求，不应有任何重复的行 • 检查从多个列源中提取的任何列中是否存在任何重复值，并将它们合并为一列 • 根据用户要求，需要确保没有重复项在多列的组合中，仅包含目标

续表

ETL 测试场景	ETL 测试用例
日期验证	• 日期值正在使用许多开发领域来了解行创建日期 • 根据 ETL 开发角度识别现有记录 • 有时会在日期值上生成更新和插入内容
数据清洁度	• 在加载到暂存区之前，应删除不必要的列

（二）ETL 错误的类型

具体见图 8-7 和表 8-3。

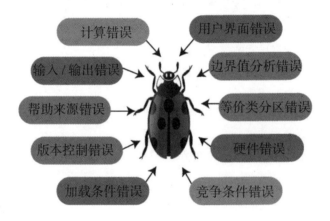

图 8-7　ETL 错误的类型

表 8-3　ETL 错误的类型

ETL 错误的类型	说明
用户界面错误	这些错误与应用程序的图形用户界面有关，如颜色、字体样式、导航、拼写检查等
输入 / 输出错误	在这种类型的错误中，应用程序开始使用无效值，拒绝有效值
边界值分析错误	这些错误检查最小值和最大值
计算错误	计算错误显示数学错误，大多数时候最终输出是错误的
加载条件错误	这些类型的错误不允许多个用户，它不允许用户接受的数据

续表

ETL 错误的类型	说明
竞争条件错误	在此类错误中，系统将无法正常运行，它开始崩溃或挂起
等价类分区错误	此类错误导致无效或无效类型
版本控制错误	这些类型的错误通常发生在回归测试中，并且不会提供任何版本信息
硬件错误	在这种类型的错误中，设备不会按预期响应应用程序
帮助来源错误	这个 bug 会导致帮助文档中的错误

九、ETL 测试员职责

ETL 测试员负责验证数据源，应用转换逻辑，加载目标表中的数据，提取数据。

ETL 测试员的职责包括以下几项。

（1）验证源系统中的表。它涉及以下几类操作：

- 计数检查。
- 数据类型检查。
- 将记录与源数据核对。
- 确保没有加载垃圾邮件数据。
- 删除重复数据。
- 检查所有键是否到位。

（2）应用转换逻辑：在加载数据之前应用转换逻辑。它涉及以下操作：

- 在检查计数记录之前和之后应用转换逻辑。
- 验证从暂存区域到中间表的数据流。
- 检查数据阈值验证。例如，年龄值不应超过 100。
- 检查代理键。

（3）数据加载：数据从暂存区域加载到目标系统。

- 检查是否在事实表中加载了聚合值和计算度量。
- 在加载数据期间，根据目标表检查建模视图。
- 检查 CDC 是否已应用于增量加载表。
- 检查数据维度表并查看该表的历史记录。
- 根据预期结果检查基于加载的事实和维度表的 BI 报告。

十、ETL 工具的测试

ETL 测试人员也需要测试测试用例和工具。它涉及以下操作：

- 测试 ETL 工具及其功能。
- 测试 ETL 数据仓库系统。
- 创建、设计和执行测试用例和测试计划。
- 测试平面文件数据传输。

十一、ETL 测试的优点

ETL 测试的优点如下：

- ETL 测试可以同时从任何数据源提取或接收数据。
- ETL 可以将来自异构源的数据同时加载到单个通用（频繁）不同目标。
- ETL 可以同时加载不同类型的目标。
- ETL 能够从各种来源提取所需的业务数据，并且可以根据需要将业务数据以所需格式加载到不同的目标中。
- ETL 可以根据业务进行任何数据转换。

十二、ETL 测试的缺点

ETL 测试的缺点如下：

- ETL 测试的主要缺点之一是必须是面向数据的开发人员或数据库分析师才能使用它。
- 当需要快速响应时，它不适合实时或按需访问。
- ETL 测试需要几个月的时间才能放在任何地方进行。
- 在不断变化的需求中保持数据具有挑战性。

十三、ETL 测试的未来范围

ETL 测试的应用范围非常广阔。Informatica PowerCenter、Oracle Data Integrator、Microsoft SQL 服务器集成服务、SAS、IBM 信息领域信息服务器等 ETL 工具都因其需求而在行业中有着巨大的应用前景。未来 ETL 测试的范围将会扩大。

十四、结论

ETL 测试是一种业务测试，其中开发人员、业务分析师、最终用户和 DBA 都参与其中。ETL 测试需要 SDLC 和 ETL 策略的知识，并且测试人员应该知道如何编写 SQL 查询。许多企业认为 ETL 是一项挑战，但事实是它对企业有利。保护数据不丢失是必不可少的，并且需要更新数据以满足市场的要求。

第四节　ETL 工具

提取、转换和加载可帮助组织使数据在不同的数据系统中可访问、有意义且可用。ETL 工具是一种用于提取、转换和加载数据的软件。

在当今数据驱动的世界中，无论大小如何，都会从各种组织、机器和小工具中生成大量数据。

在传统的编程方式中，ETL 都是提取并做一些转换操作，然后将转换后的数据加载到目标数据库文件。为此，需要使用各种编程语言编写代码，如 Java、C#、C++ 等。为了避免更多的编码和使用库，将通过拖放组件的方式来减少工作量。

ETL 工具是一组用任何编程语言编写的库，它将简化我们的工作，以便根据需要进行数据集成和转换操作。

例如，在移动设备中，每次浏览网页时，都会产生一定数量的数据。一架商用飞机每小时可以产生高达 500 GB 的数据。现在可以想一想，这些数据有多大。这就是它被称为"大数据"的原因，但是在对其执行 ETL 操作之前，这些数据是无用的。

在这里，将介绍每个 ETL 过程。

（1）提取：数据提取是 ETL 中最关键的一步，它涉及访问所有存储系统中的数据。存储系统可以是 RDBMS、Excel 文件、XML 文件、平面文件、索引顺序访问方法（ISAM）等。提取是最关键的一步，它需要以不影响源系统的方式进行设计。提取步骤应确保每个项目的参数无论其源系统如何都能被明确识别。

（2）转换：在 Pipeline 中，转换是下一个步骤。在这一步中，聚合数据被分析并应用于其上的各种功能，以将数据转换为所需的格式。数据的转换一般采用的方法有转换、过滤、排序、标准化、去重、翻译，以及验证各种数据源的一致性。

（3）加载：在 ETL 过程中，加载是最后的步骤。在此步骤中，将处理后的数据（提取和转换的数据）加载到目标数据存储库，即数据库。执行此步骤时，应确保准确执行加载功能，但应使用最少的资源。必须在加载时保持引用完整性，以便数据的一致性不会松散。加载数据后，可以选择任何数据块，并可以轻松地与其他数据块进行比较。

所有这些操作都可以通过任何 ETL 工具高效执行。

一、为什么需要 ETL 工具

数据仓库工具包含来自不同来源的数据，这些数据组合在一个地方以分析有意义的模式。ETL 处理异构数据并使其同构，这对于数据科学家来说很便利。然后数据分析师分析数据并从中获取商业价值。

与涉及编写传统计算机程序的移动数据的传统方法相比，ETL 更容易、更快速。ETL 工具包含一个图形界面，可以增加源数据库和目标数据库之间映射表和列的过程。

ETL 工具可以收集、读取和迁移多种数据结构，可以跨不同平台，如大型机、服务器等。它还可以识别发生的"增量"更改，使用 ETL 工具能够仅复制更改的数据，而无须执行完整的数据刷新。

ETL 工具包括即用型操作，如过滤、排序、重新格式化、合并和连接。ETL 工具还支持转换调度、监控、版本控制和统一元数据管理，同时一些工具可以与 BI 工具集成。

二、ETL 工具的优点

使用 ETL 工具比使用将数据从源数据库移动到目标数据库的传统方法更有益。

ETL 工具的优点包括以下几点。

易用性：ETL 工具的首要优势是易于使用。工具本身指定数据源及提取和处理数据的规则，然后执行流程并加载数据。ETL 消除了编程意义上的编码需求。

操作弹性：当许多数据仓库被损坏并产生操作问题，ETL 工具具有内置的错误处理功能，可帮助数据工程师构建 ETL 工具的功能，以开发成功且经过良好检测的系统。

可视化流程：ETL 工具基于图形用户界面，并提供系统逻辑的可视化流程。图形界面帮助我们使用拖放界面指定规则，以显示流程中的数据流。

适用于复杂的数据管理情况：ETL 工具有助于更好地移动大量数据并批量传输。在复杂规则和转换的情况下，ETL 工具简化了任务，这有助于我们进行计算、字符串操作、数据更改和多组数据的集成。

促进数据分析和清理：与 SQL 中提供的相比，ETL 工具具有大量的清理功能。高级功能关注复杂的转换需求，这通常出现在结构复杂的数据仓库中。

增强的商业智能：ETL 工具改进了数据访问，并简化了提取、转换和加载的过程。ETL 有助于直接访问信息，这会影响基于数据驱动事实的战略和运营决策。ETL 工具还使业务负责人能够根据其特定需求检索数据，并相应地做出决策。

高投资回报：使用 ETL 工具可以节省成本，使企业获得更高的收益。根据国际数据公司的研究，发现这些实施的 5 年投资回报率中值为 112%，平均回收期为 1.6 年。

性能：ETL 平台的架构简化了构建高质量数据仓库系统的过程。一些 ETL 工具带有集群感知和对称多处理等性能增强技术。

三、ETL 工具的类型

ETL 工具提供各种功能来优化工作流程。随着 ETL 工具的日益普及，数据仓库市场已经看到了不同新型设备和商业设备的重要性。

有多种工具，可供选择：

• Talend Data Integration。

• Informatica。

• Kettle。

• CloverETL。

基于云的工具：

• AWS Glue。

• SnapLogic。

• Informatica Cloud。

• Alation。

还有一些工具：

• Informatica PowerCenter。

• Business Objects Data Integrator。

• IBM InfoSphere DataStage。

• Microsoft SQL Server Date Integrator。

- Oracle Warehouse Builder/Data Integrator。
- Pentaho 数据集成（开源）。
- Jasper ETL（开源）。

四、ETL 工具功能

基于 ETL 工具的数据仓库使用暂存层、数据集成层和访问层来执行其功能。这是一个三层结构。

- 暂存层：暂存数据库或暂存层用于存储从不同源数据系统中提取的数据。
- 数据集成层：数据集成层转换来自暂存层的数据，并将数据移动到数据库。在数据库中，数据被排列成层次结构组，称为维度、事实和聚合事实。数据仓库系统中维度表和事件的组合称为模式。
- 访问层：最终用户通过访问层来检索用于分析报告或功能的数据。

五、Informatica PowerCenter

图 8-8　Informatica 官方页面

Informatica 是一家位于美国加利福尼亚的软件开发公司（见图 8-8）。它从不同的数据源中提取数据，通过不同的中间系统进行转换，然后加载。

Informatica 是一种基于 ETL 架构的数据集成工具。它为各种企业、行业和政府组织提供数据集成软件和服务，包括金融、保险服务、医疗保健等。

为了描述这一点，我们将假设 SAP 和 Oracle 应用程序。

"XYZ" 公司正在使用 SAP 应用程序进行业务交易和流程。一家公司

"ABC"正在使用 Oracle 做同样的事情。公司"XYZ"收购了公司"ABC"。现在整个部门的所有业务、信息和原始数据的交易都将转移到"XYZ"公司。

在众多部门中,我们将以人力资源部门为例。如果有 2 500 名缺少与公司"ABC"相关联的员工,并且需要将他们的账户权利从其 emp ID 转移到公司"XYZ"的银行账户。我们将使用 Informatica 工具,因为它有一个数据提取工具,可以从公司"ABC"中提取员工信息。Informatica 将其转换为具有通用协议的通用数据库,以传输并加载到公司"XYZ"服务器上。

六、RightData

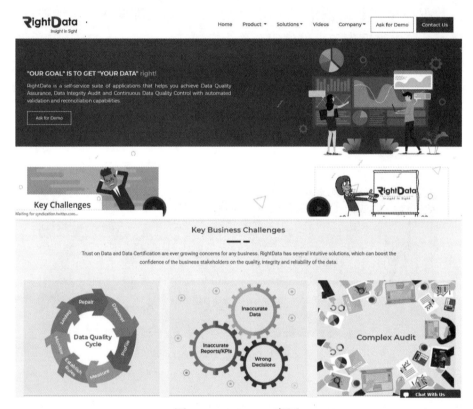

图 8-9 RightData 官网

RightData 是一种自助式 ETL/ 数据集成测试工具(见图 8-9)。它旨在帮助业务和技术团队实现数据质量保证和数据质量控制流程的自动化。

RightData 的界面允许用户验证和协调关于数据模型或数据源类型差异的数据集之间的数据。

RightData 专为高复杂度、海量数据平台高效工作而设计。

RightData 具有如下特点：

• RighData 是一个强大的通用查询工作室。在这里，可以对任何数据源（SAP、BIGDATA、FILES、RDBMS）执行查询、探索元数据、分析数据、通过数据概要分析、业务规则和转换验证发现数据。

• 使用 RightData，可以将字段到字段的数据与数据模型、源和目标之间的结构进行比较。

• RightData 具有自定义业务规则构建器和一组验证规则。

• 为了方便获取技术数据，RightData 具有批量比较功能。它在整个项目环境中进行协调。

• RighData 与 CICD 工具（Jenkins、Jira、BitBucket 等）的双向集成有助于我们的 DevOps 数据团队之旅通过 DataOps 实现。

七、QuerySurge

图 8-10　QuerySurge 官网

QuerySurge 工具用于数据仓库和大数据的测试（见图 8-10）。它还注意从源系统提取和加载到目标系统的数据是否正确，并且是否符合预期的格式。使用 QuerySurge 可以快速识别任何问题或差异（见图 8-11）。

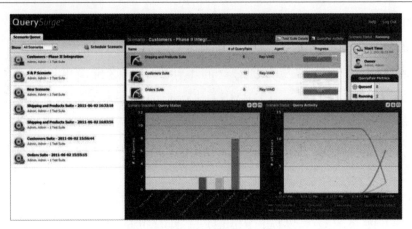

图 8-11　QuerySurge 用户界面

特点：

• QuerySurge 是一种用于 ETL 测试和大数据测试的自动化工具。它提高了数据质量并加快了测试周期。

• 使用查询向导验证数据。

• 通过在特定时间自动执行手动工作和安排测试计划来节省时间和成本。

• QuerySurge 支持 IBM、Oracle、Microsoft 等各种平台的 ETL 测试。

• 有助于在不了解 SQL 的情况下构建测试场景和测试套件，以及可配置的报告。

• 通过自动化流程生成电子邮件。

• QuerySurge 通过 ETL 流程验证、转换和升级数据。

• 它是一个商业工具，通过 ETL 流程连接源并升级数据。

八、iCEDQ

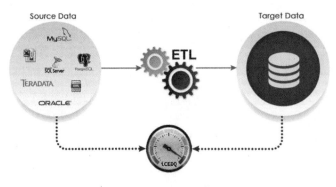

图 8-12　iCEDQ 工作流程

iCEDQ 是一个自动化的 ETL 测试工具。它是为解决以数据为中心的项目（如仓库、数据迁移等）中面临的问题而设计的。iCEDQ 在源系统和目标系统之间执行验证、确认和协调（见图 8-12）。确保迁移后的数据完好无损，并避免将不良数据加载到目标系统中。

特点：

• iCEDQ 是一种独特的 ETL 测试工具，可用于比较数百万个文件和数据行。

• 有助于确定包含数据问题的确切列和行。

• 支持回归测试。

• 在执行后向订阅用户发送通知和警报。

• iCEDQ 支持各种数据库，可以从任何数据库读取数据。

• 基于数据库中的唯一列，iCEDQ 比较内存中的数据。

• iCEDQ 无须任何自定义代码即可识别数据集成错误。

• 它是一种商业工具，试用期为 30 天，可提供带有警报和通知的自定义报告。

• iCEDQ 大数据版利用了集群的强大功能。

九、QualiDI

QualiDI 是一个自动化测试平台，提供端到端测试和 ETL 测试。它使 ETL 测试自动化并提高 ETL 测试的效率。它还缩短了测试周期并提高了数据质量。 QualiDI 可以快速地识别不良数据。 QualiDI 减少了回归周期和数据验证。

特点：

• QualiDI 创建自动化测试用例，它还支持自动化比较数据。

• 可以与 HPQC、Hadoop 等集成。

• 支持电子邮件通知。

• 支持持续集成过程。

• 有助于读取数据和跟踪数据。

• QualiDI 缩短管理复杂的 BI 测试周期、消除人为错误，并提供数据质量管理。

QualiDI 的优势如下：

- QualiDI 支持敏捷开发。
- 提高了效率并节省了成本。
- 允许测试用例的可追溯性。
- 有助于减少缺陷。
- 有助于集成过程。
- 有助于验证数据。
- 还支持持续集成过程。

十、Talend Open Studio for Integration

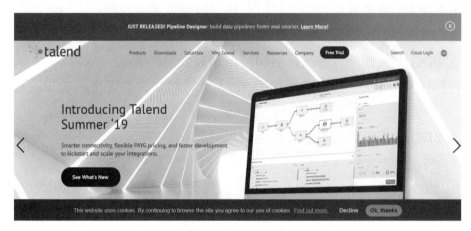

图 8-13 Talend 官网

Talend Open Studio for Integration 是一个开源工具，它使 ETL 测试更容易（见图 8-13）。它包括所有 ETL 测试功能和额外的持续交付机制。借助 Talend 数据集成工具，用户可以在具有多种操作系统的远程服务器上运行 ETL 作业。

ETL 测试确保数据从源系统转换到目标系统不会丢失任何数据，并遵循转换规则。

特点：

- Talend Data Integration 支持任何关系数据库、平面文件等。
- 集成的 GUI 简化了设计，并开发了 ETL 流程。
- Talend 支持远程作业执行。
- 在 Talend 的帮助下，我们可以及早发现缺陷，从而有助于降低成本。
- Talend 可以快速检测转换规则中的业务歧义和一致性。

- 在 Talend 上下文中，可以进行切换。
- Talend 可以通过详细的执行统计信息来跟踪实时数据流。

十一、Testbench

Testbench 是一个数据库管理和验证工具。它提供了解决与数据库相关的问题的独特方案。用户可以管理数据回滚，从而提高准确性和测试效率。它还有助于减少环境停机时间。

特点：

- Testbench 维护数据机密性以保护数据。
- 它提高了有关决策的知识。
- 为了提高测试效率，它可以自定义数据。
- 它有助于覆盖最大的测试范围，并有助于减少时间和金钱。
- 在 Testbench 中，数据隐私规则可以确保实时数据在测试环境中不可用。
- 借助 Testbench，可以分析表之间的关系，维护表之间的完整性。

十二、DBFit

DBFit 是一个开源测试工具。 DBFit 是根据 GPL 许可发布的。它为任何数据库代码编写单元和集成测试。为了维护测试，DBFit 很简单，可以直接从浏览器执行。使用表编写测试，并使用命令行或 Java IDE 执行测试。支持 Oracle、MySQL、DB2、PostgreSQL、SQL Server 等数据库。

十三、以数据为中心的测试

以数据为中心的测试工具执行可靠的数据验证，以避免在数据转换过程中数据丢失并保持数据一致性。它比较系统之间的数据，确保加载到目标系统的数据在数据量、格式、数据类型等方面与源系统匹配。

特点：

- 此测试旨在执行数据仓库测试和 ETL 测试。
- 以数据为中心的测试是历史最悠久、规模最大的测试实践。
- 它提供数据迁移、ETL 测试和协调。

- 以数据为中心的测试支持各种关系数据库、平面文件等。
- 以数据为中心的测试还支持报告。

十四、结论

ETL 测试不仅是测试人员的责任，还涉及开发人员、业务分析师、数据库管理员（DBA）和用户。 ETL 测试过程变得必要，因为它需要定期做出战略决策。

ETL 测试也称为企业测试，因为它需要对 SDLC、SQL 查询、ETL 过程等方面有很好的了解。

第五节 ETL 和 ELT 的区别

一、ETL

ETL 是我们从源系统传输数据到数据仓库时最常用的方法。提取、转换和加载是一个过程，涉及从外部源提取数据并将其转换以满足操作需求，然后将其加载到目标数据库或数据仓库中。当数据仓库使用不同的数据库时，使用这种方法是合理的。

在这种情况下，必须将数据从一个地方转换到另一个地方，因此这是在专用引擎中进行转换工作的适当方式。

提取、加载和转换是一个过程，其中提取数据并将其加载到数据库的临时表中。将其加载到临时表后，将其转换到数据库中的位置，然后将其加载到目标数据库或数据仓库中。

ETL 需要对原始数据进行管理，包括提取所需的信息和执行转换以满足业务需求。提取、转换、加载等每个阶段都需要数据工程师和开发人员的交互，以及处理传统数据仓库的容量限制。使用 ETL，BI 用户和分析师习惯于等待，在整个 ETL 过程完成之前，无法简单地访问信息。

二、ELT

在 ELT 方法中，在提取数据后，立即开始加载阶段，将所有数据源移动到一个集中的数据存储库中（见图 8-14）。随着今天的基础架构技术已经开始使用云技术，系统现在可以支持大型存储和可扩展计算。因此，一个庞大的扩展数据池和快速处理对于维护所有提取的原始数据来说，几乎是无穷无尽的。

通过这种方式，ELT 方法提供了 ETL 的现代替代方案，在某些情况下需要使用 ELT 来代替 ETL，具体如下：

• 在数据量很大时使用 ELT。

• 当源数据库和目标数据库相同时。

• 当数据库引擎非常适合处理时，例如 PDW，在 ELT 的帮助下，很容易快速地加载大量数据。

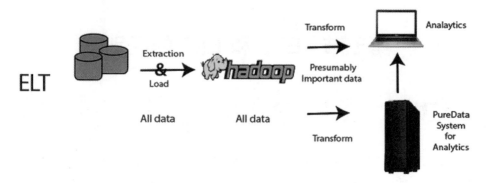

图 8-14　ELT 工作流程图

注意：当我们使用 ETL 时，转换由 ETL 工具处理，而在 ELT 中，转换由目标数据源处理。

ETL 提取、加载和转换是从无限来源收集信息，将它们加载到处理位置并将它们转化为可操作的商业智能的过程。

• 提取：从不同的数据源中提取数据，这两种数据管理方法的工作方式相似。

• 加载：ELT 将整个数据传送到它将存在的站点。ELT 缩短了提取和交付之间的周期，但在数据变得有用之前还有很多工作要做。

• 转换：在这里，数据仓库和数据库对数据进行排序和规范化。存储这些数据的开销很高，但也带来了更多机会。

三、ETL 和 ELT 的区别

ETL 和 ELT 的区别具体如表 8-4 所示。

表 8-4　ETL 与 ELT 的区别

参数	ETL	ELT
流程	数据在临时服务器中传输，然后移动到数据仓库、数据库	数据保留在数据仓库的 DB 中
转型 / 转换	转换在 ETL 服务器和暂存区域中完成	转换在暂存区域中进行
代码使用	ETL 用于少量数据和计算密集型转型	ELT 用于大数据

参数	ETL	ELT
加载时间	首先在暂存中加载数据，然后在目标系统中加载。这是一个耗时的过程	在 ELT 中，数据只加载到目标系统一次。这个过程花费的时间更少
转换时间	ETL 过程需要时间来完成转换。随着数据规模的增长，转换时间也会增加	在 ELT 过程中，速度从不取决于数据的大小
维护时间	当选择要加载和转换的数据时，它需要高维护	ELT 需要低维护，因为数据始终可用
实施复杂性	在 ETL 中，在早期阶段更容易实现	要实施 ELT 流程，组织应深入了解专业技能和工具
数据湖支持	ETL 不支持数据湖	ELT 允许将数据湖与非结构化数据一起使用
支持数据仓库	ETL 模型用于关系数据和结构化数据	ELT 用于支持结构化和非结构化数据的可扩展云基础架构
复杂性	ETL 过程仅加载在设计时识别的基本数据	ELT 只涉及从后向输出开发并只加载相关数据
成本	在 ETL 过程中，中小企业成本较高	ELT 包括使用在线软件作为服务平台的低入门成本
查找	在 ETL 过程中，需要在暂存区域提供维度和事实	在 ELT 中，所有数据都将可用，因为提取和加载发生在一个单一的操作中
计算	在 ETL 中，现有列被覆盖或需要附加数据集并推送到目标平台	在 ELT 中，很容易将列添加到现有表中
硬件	在 ETL 中，工具有独特的硬件要求，这很昂贵	ELT 是一个新概念，实现起来很复杂
支持非结构化数据	ETL 支持关系数据	ELT 有助于处理非结构化的现成数据

四、什么时候 ELT 是正确的选择？

何时选择 ELT 取决于公司现有的网络架构、预算，以及已经使用云技术和大数据技术的程度，但是当以下三个重点领域中的任何一个或全部都至关重要时，我们可以考虑使用 ELT。

1. 当提取速度是优先事项时

当提取速度优先时，我们应该使用 ELT。因为 ELT 不必等待数据在现场工作然后再加载（这里，数据的加载和转换可以并行发生）。这里的提取过程更快，并且提供比 ETL 更快的原始信息。

2. 当需要随时访问原始数据时

将数据转化为商业智能的优势在于能够将隐藏的模式转化为可操作的信息。通过保留所有历史数据，组织可以挖掘时间线、销售模式、季节性趋势或任何新型指标，这对组织至关重要。在这种情况下，可以访问原始数据，因为数据在加载之前没有被转换。大多在云数据湖中存储原始数据然后提取，或存储处理过的信息。例如，数据科学家更喜欢访问原始数据，而业务用户更喜欢使用规范化数据进行商业智能。

3. 当需要扩展时

当使用云数据仓库或 Hadoop 等高端数据处理引擎时，ELT 可以利用原生处理能力获得更高的可扩展性。ETL 和 ELT 都是从原始数据生成商业智能的省时方法。但云技术正在改变企业利用所有技术应对 ELT 挑战的方式。

五、结论

ETL 代表提取、转换和加载，而 ELT 代表提取、加载和转换。在 ETL 中，数据从源流向阶段，然后流向目标。在 ELT 目标系统中进行转换。ELT 不涉及分级系统。在 ELT 中，面临许多挑战，成本高昂，而且需要出色的技术来实施和维护。

第六节　ETL 管道

ETL 管道是指从输入源提取数据、转换数据并加载到输出目的地（例如数据集市、数据库和数据仓库）的过程，用于分析、报告和数据同步（见图 8-15）。

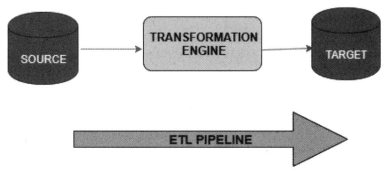

图 8-15　ETL 管道示意图

ETL 代表提取、转换和加载。

提取：在这个阶段，数据从不同的数据来源，如业务系统、营销工具、传感器数据、应用程序接口和交易数据库被提取出来。

转换：将数据转换成不同应用程序使用的格式。在此阶段，将数据从存储数据的格式更改为不同应用程序中使用的格式。成功提取数据后，将数据转换为用于标准化处理的格式。ETL 过程中使用了各种工具，例如 Data Stage、Informatica 或 SQL Server Integration Services。

加载：这是 ETL 过程的最后阶段。在这个阶段，将提供统一的数据格式。现在可以获取任何特定的数据，并可以将其与另一部分数据进行比较。数据仓库可以自动更新或手动触发。这些步骤基于不同要求在仓库之间执行。作为流程的一部分，数据存储在至少一组临时表中。

但是，当数据加载到数据库或数据仓库时，数据管道不会结束。ETL 的应用需求目前正在增长，因此它可以支持跨事务系统、操作数据存储、MDM 中心、云平台和 Hadoop 平台的集成。由于非结构化数据的增长，数据转换的过程变得更加复杂。现代数据处理包括实时数据，例如来自广泛电子商务网站的网络分析数据。Hadoop 是大数据的代名词。针对 ETL 流程的不同层面，开发了几个基于 Hadoop 的工具。我们可以使用的工具取决于数据的结构方式、批处理方式或我们是否正在处理的数据流。

ETL 管道和数据管道之间的区别

尽管 ETL 管道和数据管道几乎做相同的活动。它们跨平台移动数据并以某种方式对其进行转换。它们主要区别在于正在为其构建管道的应用程序。

（一）ETL 管道

ETL 管道是为数据仓库应用程序构建的，包括企业数据仓库以及特定主题的数据集市。ETL 管道也用于新应用替代传统应用时的数据迁移解决方案。ETL 管道通常使用精通结构化数据转换的行业标准 ETL 工具构建。

数据管道或商业智能工程师构建 ETL 管道。

（二）数据管道

数据管道可以构建用于任何使用数据带来价值的应用程序。它可用于跨应用程序集成数据，构建数据驱动的 Web 产品，构建预测模型，创建实时数据流应用程序，进行数据挖掘活动，构建数字产品中的数据驱动特性。在过去十年中，随着用于构建数据管道的开源大数据技术的出现，数据管道的使用有所增加。这些技术能够转换非结构化数据和结构化数据。

数据工程师构建数据管道。

ETL 管道和数据管道之间的差异具体如下。

ETL 管道	数据管道
ETL 管道定义为从一个系统中提取数据、将其转换并将其加载到某个数据库或数据仓库的过程	数据管道是指将数据从一个系统移动到另一个系统并在此过程中转换数据的任何处理元素集
ETL 管道意味着管道分批工作。例如，管道每 12 小时运行一次	数据管道也可以作为流评估运行（每个事件都在发生时进行处理）。数据管道的类型是 ELT 管道（将整个数据加载到数据仓库并稍后进行转换）

第七节　ETL 文件

ETL 文件是由 Microsoft Tracelog 软件应用程序创建的日志文件。Microsoft 程序以二进制文件的格式创建事件日志。在 Microsoft 操作系统中，内核创建了日志。 ETL 日志包含有关如何访问磁盘和页面错误、记录 Microsoft 操作系统的性能，以及记录高频事件的信息。

Eclipse 开放开发平台也使用 .etl 文件扩展名。平台创建以 .etl 为文件扩展名保存的文件。

跟踪日志由跟踪会话缓冲区中的跟踪提供程序生成，并由操作系统存储。然后将跟踪写入日志并以压缩的二进制格式存储，以减少存储空间。在 ETL 文件中，可以使用命令行实用程序 Tracerpt 生成报告。 ETL 文件的输出可以配置几个选项，例如文件的最大允许值，以便日志不会导致计算机磁盘空间不足。

ETL 文件类型与 Eclipse 基础相关联。Eclipse 是一个开源社区，其项目专注于构建一个免费的开发平台，包括可扩展的。

ETL 文件存储到磁盘，以及它们的易变性和它们包含的数据的变化。当首先配置跟踪会话时，所使用的设置将决定如何存储日志文件，以及要在其中存储哪些数据。有些日志是循环的，当文件大小达到最大值时，旧数据会被新数据覆盖。在某些情况下，Windows 会将信息存储到 ETL 文件中，例如系统关闭时、在其他用户登录系统时、启动时、发生更新时等。

Microsoft Office 的一个驱动器——Skype 也可以维护 ETL 文件，其中包含调试和其他信息。 ETL 文件中的信息可用于各种场景的取证。

ETL 文件位置

在系统窗口中，ETL 文件可以在任何地方找到。这些文件存在于大部分系统中，可以包含大量的用于分析的信息。 ETL 文件可以在 Windows 操作系统的不同位置找到，其中可能有数百个是空的，有些包含数据（见图 8-16）。

Name	Date modified	Type	Size
WindowsUpdate.20190807.134332.135.2.etl	8/7/2019 2:17 PM	ETL File	48 KB
WindowsUpdate.20190807.143038.563.1.etl	8/7/2019 2:42 PM	ETL File	48 KB
WindowsUpdate.20190807.145254.546.1.etl	8/7/2019 3:03 PM	ETL File	44 KB
WindowsUpdate.20190807.150358.718.1.etl	8/7/2019 3:23 PM	ETL File	16 KB
WindowsUpdate.20190807.154811.835.1.etl	8/7/2019 3:59 PM	ETL File	132 KB
WindowsUpdate.20190807.154811.835.2.etl	8/7/2019 3:59 PM	ETL File	4 KB
WindowsUpdate.20190807.160649.118.1.etl	8/7/2019 4:26 PM	ETL File	32 KB
WindowsUpdate.20190807.165906.208.1.etl	8/7/2019 5:10 PM	ETL File	16 KB
WindowsUpdate.20190807.171504.170.1.etl	8/7/2019 5:42 PM	ETL File	16 KB
WindowsUpdate.20190807.181653.935.1.etl	8/7/2019 6:27 PM	ETL File	16 KB
WindowsUpdate.20190807.183253.054.1.etl	8/8/2019 9:32 AM	ETL File	136 KB
WindowsUpdate.20190807.183253.054.2.etl	8/8/2019 9:58 AM	ETL File	104 KB
WindowsUpdate.20190808.100607.288.1.etl	8/8/2019 10:17 AM	ETL File	20 KB
WindowsUpdate.20190808.112929.815.1.etl	8/8/2019 11:29 AM	ETL File	136 KB
WindowsUpdate.20190808.112929.815.2.etl	8/8/2019 11:29 AM	ETL File	136 KB
WindowsUpdate.20190808.112929.815.3.etl	8/8/2019 11:30 AM	ETL File	136 KB
WindowsUpdate.20190808.112929.815.4.etl	8/8/2019 11:31 AM	ETL File	136 KB
WindowsUpdate.20190808.112929.815.5.etl	8/8/2019 1:41 PM	ETL File	136 KB
WindowsUpdate.20190808.112929.815.6.etl	8/8/2019 2:42 PM	ETL File	136 KB
WindowsUpdate.20190808.112929.815.7.etl	8/9/2019 9:34 AM	ETL File	136 KB
WindowsUpdate.20190808.112929.815.8.etl	8/9/2019 11:36 AM	ETL File	136 KB
WindowsUpdate.20190808.112929.815.9.etl	8/9/2019 12:32 PM	ETL File	136 KB
WindowsUpdate.20190808.112929.815.10....	8/9/2019 2:35 PM	ETL File	52 KB

图 8-16　Windows 操作系统中的 ETL 文件

第八节　ETL 列名标志

Intertek 的 ETL 认证计划旨在帮助我们对产品进行测试、认证，目前产品在市场上的增长速度比以往任何时候都快。ETL 是在创新文化中发明的。ETL 认证计划始于托马斯·爱迪生（Thomas Edison）的实验室。迄今为止，我们都在呼吸着同样的创新空气。

U.L. 和 ETL 都被称为国家认可的测试实验室（NRTL）。NRTL 为产品提供独立的安全和质量认证。电器需要其认证。在购买电器之前，必须检查 ETL 或 U.L. 标志。

U.L. 制定测试标准并对其进行测试。根据 U.L. 和 ETL 测试，ETL 列名标志用于表明产品经过独立测试并满足已发布的适用标准。

保持对具有 ETL 列名标志的产品的认证，定期进行产品和现场检查，以确保正在制造的产品与最初测试的产品相匹配。

具有 ETL 列名标志的产品如下：

• 建筑材料。

• 国产电器。

• 医疗设备。

• 工业设备。

• 电话和通信设备。

许多非美国制造商希望其产品具有 ETL 列名标志，因为港口当局或海关代理通常需要 ETL 列名标志。非美国公司在没有 ETL 列名标志的情况下保护供应商渠道也很复杂。供应商与制造商共同承担为客户提供安全产品的法律责任。

带有"US"的 ETL 认证标志位于产品的右下角（4 点钟位置），表示该产品仅符合美国安全标准。

一、ETL 验证

ETL 验证是一种产品认证标志，可确保产品符合特定设计和性能标准。ETL 验证标志基于产品的质量和可靠性水平，向消费者表明产品已达到高标准。

二、ETL 和 U.L. 的区别

ETL 和 U.L. 标志向客户、零售商和消费者表明产品符合安全标准的要求。

承销商或 U.L. 是一家美国安全认证公司。其总部位于美国伊利诺伊州诺斯布鲁克，提供认证、测试、培训服务和检验。ETL 和 U.L. 是国家认可的测试实验室或 NRTL 运作机构。

NRTL 是一个独立的非政府实验室，由职业安全与健康管理局（OSHA）认可，适合测试适用的产品

NRTL 计划是 OSHA 技术支持理事会的一部分，可确保产品在美国工作场所的安全使用。NRTL 是一项旨在识别私营组织测试是否符合 OSHA 安全标准的能力的计划。

ETL 和 U.L. 标志向客户、零售商和消费者确保他们的产品符合其特定产品的安全标准要求。

由于 ETL 和 U.L. 根据相同的 OSHA 标准进行测试。ETL 和 U.L 之间没有区别，除了测试后留下的标志。

当我们决定产品上应该有哪些标志时，这取决于产品是什么及它获得认证的市场。

ETL 列名和 ETL 以证标志通常用于家用电器产品、电缆设备、工业设备和电话 / 通信设备。如果我们制造家用电子、电缆或电信设备（例如电源线和电源插座），那么将获得 ETL 列名或 ETL 认证标志。

U.L. 系列标志基于 U.L. 的安全标准，可以在不同的设备（如计算机设备和消费者安全设备）上看到。带有 U.L. 标志的包括保险丝、配电盘、灭火器、二氧化碳和一氧化碳探测器、喷水灭火系统和救生衣等个人漂浮装置。

美国各地的实验室管理这些测试标志，因此一旦决定了要认证的产品和需要认证的市场，就能找到适合需求的测试实验室。

三、如何获得 ETL 认证或列名?

对于 ETL 认证或列名，有以下三种方式：
- 新的应用程序。
- 来自 C.B. 报告或证书的 ETL 列名。

• 来自文件传输的 ETL 列名。

新应用获得 ETL 认证的步骤具体如下。

1. 获取报价

在这里，首先需要决定是要在美国、加拿大还是二者都销售产品。需要有关产品的所有信息，以便获得准确的报价。

通常需要提供下列资料：

• 产品照片（如果有）。

• 产品规格，例如尺寸或材料清单。

• 必须包含预定用途的产品说明。

• 原型或常规样品（如果有）。

如果想将分销范围限制在纽约、加利福尼亚等个别州，那么也需要沟通。一些州对某些必须进行测试的产品有强制性要求，如空气过滤器。如果想在全国范围内交付产品，则需要对产品进行所有要求的测试。

一旦发送申请，会将产品发送到实验室进行测试。测试者评估结果后，会提供报价，我们需要给出申请中涉及的标准。

如果被测项目没有标准，实验室将开发一个基于最近适用标准的框架。然后可以根据来源的标准列出产品。报价单签署后，他们将确定测试计划。

2. 产品信息包

产品信息包是发给我们的一系列表格，其中概述了完成列名的过程及项目里程碑。列表的基本形式是 EURFC1- 新申请人表格。测试实验室将协助申请过程。

3. 提供样品和测试

一旦按照上面的描述提交了正确的样品，实验室就可以进行测试。如果产品通过所有测试，实验室将继续起草上市报告。如果没有，他们会就他们的发现与我们联系，我们可以随时暂停测试以进行调整。

4. 跟进服务

在产品测试期间，我们还将收到有关如何安排相关工厂测试检查的信息。服务中心将与我们一起完成相应的文件，并提供产品线检验的信息。

5. 初始工厂检查

一旦产品通过测试，并准备好测试报告，测试员将来检查我们的制造现场。如果测试符合质量要求，则编制最终列名报告。

6. 最终行动事项

要获得 ETL 标志的最终授权，需要考虑以下要求：

- 最终生产线的测试已完成。
- 在产品制造地的所有地区完成工厂检查。
- 提供产品列名报告。
- 本协议的证明书一式两份，两份交回会签。
- 当产品上出现 ETL 标志的副本时，将提交审批。
- 必须填写包含客户信息的表格，然后再次发送给 ETL 认证的 NRTL。
- 已向区域后续服务中心下达采购订单，按照 ETL 方案的要求对后续服务进行授权和初始化。

7. ETL 认证的 NRTL 正式发布列名报告

列名报告中的详细信息如下：

- 描述产品。
- 申请人、代理人和产品的制造地。
- 列出检查中的任何预生产发现。
- 列出调查中使用的所有标准并总结结果。
- 表示生产线的测试要求。

8. 标志授权

完成所有步骤后，发布标志授权。标志授权允许制造商在他们的产品和包装上标记他们已经获得授权的特定 ETL 标志。

产品获得 ETL 列名或认证的第二种方式是从认证机构的报告或证书中获取列名。

此过程如下：

• 申请人联系现有的认证机构并获得其测试报告表和证书，二者的有效期不得超过三年。

• 申请人将证书 / 报告带到 ETL 认证的 NRTL，作为其 ETL 申请的一部分。

• 经过 ETL 认证的 NRTL 审查产品的证书和样品及 C.B. 报告。

• 如果报告、证书和产品样品令人满意，ETL 认证的 NRTL 将起草一份清单声明和授权标志。

如果不需要对产品进行测试，NRTL 会完成工厂检查。工厂检查通过后，NRTL 会出具新的列名报告及标志授权。

文件传输需要提供的数据如下：

• 完整的产品规格，为产品测试人员提供足够的信息来现场测试产品。

• 完整的测试报告，包括产品测试的标准及用于测试的设备。

第九节 ETL 处理过程

ETL 代表提取、转换和加载。ETL 是一个用于提取数据、转换数据和将数据加载到最终目标的过程。ETL 遵循将数据从源系统加载到数据仓库的过程。

执行 ETL 过程的步骤如下。

一、提取

提取是第一个步骤，收集来自不同来源（如文本文件、XML 文件、Excel 文件）的数据。

二、转换

转换是 ETL 过程的第二步，其中所有收集的数据都已转换为相同的格式。根据要求，格式可以是任何格式。在这一步中，将一组函数规则应用于提取的数据，将其转换为单一的标准格式。可能涉及以下任务：

- 过滤：只将特定属性加载到数据仓库中。
- 清理：用特定的默认值填充空值。
- 加入：将多个属性合并为一个属性。
- 拆分：将单个属性拆分为多个属性。
- 排序：根据属性对元组进行排序。

三、加载

加载是 ETL 过程的最后一步。大量数据从各种来源提取、转换，最后加载到数据仓库。

ETL 是从不同来源系统提取数据、转换数据、加载数据到数据仓库的过程。ETL 过程需要包括开发人员、分析师、测试人员、高层管理人员在内的各种利益相关者的积极投入。

ETL（提取、转换和加载）是从原始数据中提取信息的自动化过程。分析并将其转换为可以满足业务需求的格式，并加载到数据仓库中。ETL 通常汇总数据以减少其大小，并提高特定类型分析的性能。

ETL 过程使用流水线概念。在这个概念中，数据一旦提取出来，就可以进行转换，在转换的过程中，可以得到新的数据。并且当修改后的数据被加载到数据仓库时，已经提取的数据可以被转换（见图 8-17）。

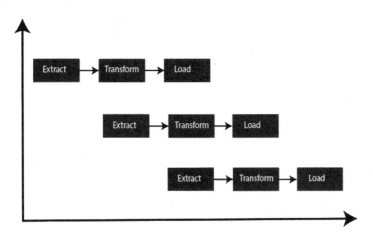

图 8-17 ETL 的流水线示意图

在构建 ETL 基础架构时，必须整合数据源，仔细规划和测试以确保正确转换源数据。

此处，将解释构建 ETL 基础架构的两种方法。

1. 使用批处理构建 ETL 管道

这里是构建传统 ETL 管道的过程，其中从源数据库到数据仓库。开发企业的 ETL 管道具有挑战性，通常会依赖 ETL 工具，例如 Stitch 和 Blendo，它们可以简化和自动化流程。

使用批处理构建 ETL 管道，下面是构建的最佳实践途径。

（1）参考数据：在这里，将创建一组数据来定义允许值的集合，并且可以包含数据。

示例：在国家 / 地区数据字段中，可以定义允许的国家 / 地区代码。

（2）从数据参考中提取：ETL 步骤的成功在于正确提取数据。大多数 ETL 系统整合了来自多个源系统的数据，每个系统都有其数据组织方式和格式，包括关系数据库、非关系数据库、XML、JSON、CSV 文件，成功提取后将数据转换为单一格式以实现标准化。

（3）数据验证：一个自动化过程确认从源系统中提取的数据是否具有预期值。例如，数据字段应包含过去一年金融交易数据库中的有效日期。如果数据未通过验证规则，验证引擎将拒绝该数据。我们会定期分析被拒绝的记录，以确定出了什么问题。在这里，可以更正源数据或修改提取的数据以解决下一批中的问题。

（4）转换数据：删除无关或错误的数据，应用业务规则，检查数据完整性（确保数据在源系统中没有损坏或被 ETL 损坏，并且在前几个阶段没有丢失数据），并根据需要创建聚合。如果分析收入，可以将发票的美元金额汇总为每日或每月的总额。需要编写和测试一系列可以实现所需转换的规则或函数，并在提取的数据上运行。

（5）阶段：通常不会将转换后的数据直接加载到目标数据仓库中。应首先将数据输入临时数据库，以便在出现问题时更容易回滚。此时，还可以生成合规审计报告或诊断和修复数据问题。

（6）发布到数据仓库：将数据加载到目标表。某些数据仓库每次都会覆盖现有信息，ETL 管道每天、每月或每周加载一个新批次。换句话说，ETL 可以在不覆盖的情况下添加新数据，时间戳表明它是唯一的。一定要慎重，防止数据仓库因磁盘空间和性能限制而"爆仓"。

2. 使用流处理构建 ETL 管道

现代数据处理通常包括实时数据。例如，来自大型电子商务网站的网络分析数据。在这些用例中，无法大批量提取和转换数据，需要对数据流执行 ETL，这意味着当客户端应用程序向数据源写入数据时，应立即对数据进行处理、转换并保存到目标数据库存储（见图 8-18）。现在有许多流处理工具可用，包括 Apache Samza、Apache Store 和 Apache Kafka。

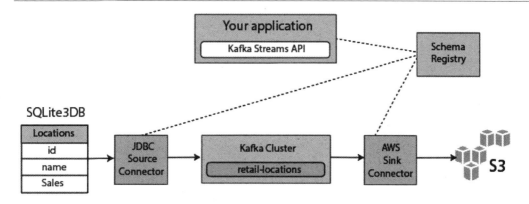

图 8-18　ETL 对数据流实时处理示意图

基于 Kafka 构建流式 ETL 涉及以下几点：

（1）将数据提取到 Kafka：JDBC 连接器拉取每一行源表。当客户端应用程序向表中添加行时，Kafka 会自动将它们作为新消息写入 Kafka 主题，从而启用实时数据流。

（2）从 Kafka 中拉取数据：ETL 应用程序从 Kafka 主题中提取消息作为 Avro 记录，它创建一个 Avro 模式文件并对其进行反序列化，并从消息中创建 KStream 对象。

（3）在 KStream 对象中转换数据：使用 Kafka Streams API，流处理器一次接收一条记录，对其进行处理，并可以从下游处理器生成一条或多条输出记录。这些可以一次转换一条消息，根据条件对其进行过滤，或对多条消息执行数据操作。

（4）将数据加载到其他系统：ETL 应用程序仍然保存数据，现在需要将其流式传输到目标系统中，例如数据仓库或数据湖。它们的目的是使用 S3 接收器连接器将数据流式传输到 Amazon S3，可以实现与其他系统的集成。例如，使用 Amazon Kinesis 将数据流式传输到 Redshift 数据仓库。

第九章 Electron 应用部署

Electron 是由 GitHub 开发的一个开源框架。它允许使用 Node.js（作为后端）和 Chromium（作为前端）完成桌面 GUI 应用程序的开发。

Electron 可以用于构建具有 HTML、CSS、JavaScript 的跨平台桌面应用程序，它通过将 Chromium 和 Node.js 合同到一个运行的环境中来实现这一点，应用程序可以打包到 Mac、Windows 和 Linux 系统上。

1. Electron 发展历程

2013 年的时候，Atom 编辑器问世，作为实现它的底层框架 Electron 也逐渐被熟知，到 2014 年春季被开源，那时它还是叫作 Atom Shell。

在接下来的几年，Electron 在不断的更新迭代，几乎每年都有一个重大的里程碑：

- 2013 年 4 月，Electron 以 Atom Shell 为名起步。
- 2014 年 5 月，Atom 及 Atom Shell 以 MIT 许可证开源。
- 2015 年 4 月，Atom Shell 被重命名为 Electron。
- 2016 年 5 月 11 日，电子版发布 v1.0.0 版本。
- 2016 年 5 月 20 日，允许向 Mac 应用商店提交软件包。
- 2016 年 8 月 2 日，支持 Windows 商店。
- 2018 年 5 月 2 日，发布 v2.0.0 版本。

2. Electron 支持平台

目前支持 Electron 的平台有 OS X、Windows、Linux。

- OS X：对于 OS X 系统仅有 64 位的二进制文档，支持的最低版本是 OS X 10.8。

- Windows：仅支持 Windows 7 及其以后的版本，在之前的版本中是不能工作的。对于 Windows 提供 x86 和 amd64（x64）版本的二进制文件。需要注意的是 ARM 版本的 Windows 目前尚不支持。

• Linux：预编译的 ia32（i686）和 x64（amd64）版本 Electron 二进制文件都是在 Ubuntu 12.04 下编译的，ARM 版的二进制文件是在 ARM v7（硬浮点 ABI 与 Debian Wheezy 版本的 NEON）下完成的。预编译二进制文件是否能够运行，取决于其中是否包括了编译平台链接的库，所以只有 Ubuntu 12.04 可以保证正常工作，但是 Ubuntu 12.04 及更新、Fedora 21、Debian 8 等平台也被证实可以运行 Electron 的预编译版。

3. Electron 优缺点

Electron 的优点如下所示：

• 部署升级方便，用户通过浏览器就可以访问。

• HTML/JS/CSS 编写，方便且高效。

• 可支持 Windows、Linux 、Mac 系统。

Electron 的缺点如下所示：

• 对于开发者而言，浏览器适配比较烦琐。有些应用必须指定浏览器版本（比如 OCX 必须是 IE 内核，H5 必须是较高版本），必须打开浏览器，输入一长串 URL 地址。

• 对于用户而言，传统行业中部分用户对 web 应用不习惯，尤其是使用专业工具软件，大多数会觉得 web 应用没有桌面应用方便或强大。

4. 基于 Electron 实现的软件

Electron 现已被多个开源应用软件所使用，其中被广大程序员所熟知和使用的 Atom、支付宝小程序 IDE、Visual Studio Code 编辑器就是基于 Electron 实现的。

第一节　Electron 快速入门

Electron 可以让你使用纯 JavaScript 调用丰富的原生 APIs 来创造桌面应用。你可以把它看作专注于桌面应用而不是 web 服务器的 io.js 的一个变体。

这不意味着 Electron 是绑定了 GUI 库的 JavaScript 版本。相反，Electron 使用 web 页面作为它的 GUI，所以你能把它看作一个被 JavaScript 控制的、精简版的 Chromium 浏览器。

一、Electron 进程

1. 主进程

在 Electron 里，运行 package.json 里 main 脚本的进程被称为主进程。在主进程运行的脚本可以以创建 web 页面的形式展示 GUI。

2. 渲染进程

由于 Electron 使用 Chromium 来展示页面，所以 Chromium 的多进程结构也被充分利用。每个 Electron 的页面都在运行着自己的进程，这样的进程我们称之为渲染进程。

在一般浏览器中，网页通常会在沙盒环境下运行，并且不允许访问原生资源。然而，Electron 用户拥有在网页中调用 io.js 的 APIs 的能力，可以与底层操作系统直接交互。

3. 主进程与渲染进程的区别

主进程使用 BrowserWindow 实例创建网页。每个 BrowserWindow 实例都在自己的渲染进程里运行着一个网页。当一个 BrowserWindow 实例被销毁后，相应的渲染进程也会被终止。

主进程管理所有页面和与之对应的渲染进程。每个渲染进程都是相互独立的，并且只关心它们自己的网页。

由于在网页里管理原生 GUI 资源是非常危险而且容易造成资源泄露的，所以在网页里调用 GUI 相关的 APIs 是不被允许的。如果想在网页里使用 GUI 操作，其对应的渲染进程必须与主进程进行通信，请求主进程进行相关的 GUI 操作。

Electron 提供用于在主进程与渲染进程之间通信的 ipc 模块，并且也有一个远程进程调用风格的通信模块 remote。

二、打造第一个 Electron 应用

大体上，一个 Electron 应用的目录结构如下：

```
your-app/
├── package.json
├── main.js
└── index.html
```

package.json 的格式和 Node 的完全一致，并且那个被 main 字段声明的脚本文件是应用的启动脚本，它运行在主进程上。应用里的 package.json 看起来应该像：

```
{
 "name"    : "your-app",
 "version" : "0.1.0",
 "main"    : "main.js"
}
```

注意：如果 main 字段没有在 package.json 声明，Electron 会优先加载 index.js。

main.js 应该用于创建窗口和处理系统事件，一个典型的例子如下：

```
var app = require('app'); // 控制应用生命周期的模块。
 var BrowserWindow = require('browser-window'); // 创建原生浏览器窗口的模块。

// 保持一个对于 window 对象的全局引用，不然，当 JavaScript 被 GC，
```

```
// window 会被自动地关闭。
var mainWindow = null;

// 当所有窗口被关闭了，退出。
app.on('window-all-closed', function() {
    // 在 OS X 上，通常用户在明确地按下 Cmd + Q 之前
    // 应用会保持活动状态。
    if (process.platform != 'darwin') {
        app.quit();
    }
});

// 当 Electron 完成了初始化并且准备创建浏览器窗口的时候
// 这个方法就被调用。
app.on('ready', function() {
    // 创建浏览器窗口。
    mainWindow = new BrowserWindow({width: 800, height: 600});

    // 加载应用的 index.html。
    mainWindow.loadURL('file://' + __dirname + '/index.html');

    // 打开开发工具。
    mainWindow.openDevTools();

    // 当 window 被关闭，这个事件会被触发。
    mainWindow.on('closed', function() {
        // 取消引用 window 对象，如果你的应用支持多窗口的话，
        // 通常会把多个 window 对象存放在一个数组里面，
        // 但这次不是。
        mainWindow = null;
    });
});
```

最后，你想展示的 index.html：

```
<!DOCTYPE html>
<html>
  <head>
    <title>Hello World!</title>
  </head>
  <body>
    <h1>Hello World!</h1>
  We are using io.js <script>document.write(process.version)</script>
  and Electron <script>document.write(process.versions['electron'])</script>.
  </body>
</html>
```

三、运行应用

一旦创建了最初的 main.js、index.html 和 package.json 这几个文件，可能会想尝试在本地运行并测试，看看是不是和期望的那样正常运行。

1.electron-prebuild

如果已经用 npm 全局安装了 electron-prebuilt，只需要按照如下方式直接运行应用：

```
electron .
```

如果是局部安装，那么运行：

```
./node_modules/.bin/electron .
```

2. 手动下载 Electron 二进制文件

如果手动下载了 Electron 的二进制文件，也可以直接使用其中的二进制文件来运行应用。

3.Windows

```
$ .\electron\electron.exe your-app\
```

4.Linux

```
$ ./electron/electron your-app/
```

5.OS X

```
$ ./Electron.app/Contents/MacOS/Electron your-app/
```

Electron.app 里面是 Electron 发布包。

四、以发行版本运行

在完成了应用后，可以按照本章第七节 Electron 应用部署的指导发布一个版本，并且以已经打包好的形式运行应用。

第二节 Electron 桌面环境集成

不同的操作系统在各自的桌面应用上提供了不同的特性。例如：在 Windows 上应用曾经打开的文件会出现在任务栏的跳转列表；在 Mac 上，应用可以把自定义菜单放在鱼眼菜单上。

本节将说明怎样使用 Electron APIs 把应用和桌面环境集成到一块。

一、最近文档 (Windows & OS X)

Windows 和 OS X 提供获取最近文档列表的便捷方式，那就是打开跳转列表或者鱼眼菜单（见图 9-1）。

 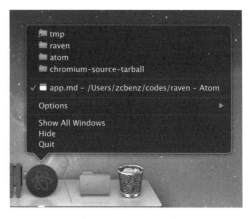

（a）跳转列表　　　　　　　　　　（b）鱼眼菜单

图 9-1　最近文档的获取方式

为了增加一个文件到最近文件列表，可以使用 app.addRecentDocument API：

```
var app = require('app');
app.addRecentDocument('/Users/USERNAME/Desktop/work.type');
```

或者也可以使用 app.clearRecentDocuments API 来清空最近文件列表。

```
app.clearRecentDocuments();
```

二、Windows 需注意

为了这个特性在 Windows 上表现正常，应用需要被注册成为一种文件类型的句柄；否则，在注册之前，文件不会出现在跳转列表。可以在 Application Registration 里找到任何关于注册事宜的说明。

三、OS X 需注意

当一个文件被最近文件列表请求时，app 模块里的 open-file 事件将会被发出。

四、自定义的鱼眼菜单 (OS X)

OS X 可以让开发者定制自己的菜单，通常会包含一些常用特性的快捷方式（见图 9-2）。

图 9-2 鱼眼菜单中的常用特性

使用 app.dock.setMenu API 来设置菜单，这仅在 OS X 上可行：

```
var app = require('app');
var Menu = require('menu');
var dockMenu = Menu.buildFromTemplate([
  { label: 'New Window', click: function() { console.log('New Window'); } },
  { label: 'New Window with Settings', submenu: [
  { label: 'Basic' },
  { label: 'Pro'}
  ]},
  { label: 'New Command...'}
]);
app.dock.setMenu(dockMenu);
```

五、用户任务 (Windows)

Windows 可以特别定义跳转列表的 Tasks 目录的行为，引用 MSDN 的文档：

Applications define tasks based on both the program's features and the key things a user is expected to do with them. Tasks should be context-free, in that the application does not need to be running for them to work. They should also be the statistically most common actions that a normal user would perform in an application, such as compose an email message or open the calendar in a mail program, create a new document in a word processor, launch an application in a certain mode, or launch one of its subcommands. An application should not clutter the menu with advanced features that standard users won't need or one-time actions such as registration. Do not use tasks for promotional items such as upgrades or special offers.

It is strongly recommended that the task list be static. It should remain the same regardless of the state or status of the application. While it is possible to vary the list dynamically, you should consider that this could confuse the user who does not expect that portion of the destination list to change.

不同于 OS X 的鱼眼菜单，Windows 上的用户任务表现得更像一个快捷方式，比如当用户点击一个任务，一个程序将会被传入特定的参数并且运行。

可以使用 app.setUserTasks API 来设置应用中的用户任务：

```
var app = require('app');
app.setUserTasks([
  {
      program: process.execPath,
      arguments: '--new-window',
      iconPath: process.execPath,
      iconIndex: 0,
      title: 'New Window',
      description: 'Create a new window'
  }
]);
```

调用 app.setUserTasks 并传入空数组就可以清除任务列表：

```
app.setUserTasks([]);
```

当应用关闭时，用户任务会仍然会出现，在应用被卸载前，任务指定的图标和程序的路径必须是存在的。

Windows 可以在任务栏上添加一个按钮来当作应用的缩略图工具栏。它将为用户提供一种访问常用窗口的方式，并且不需要恢复或者激活窗口。

在 MSDN，它被如是说：

This toolbar is simply the familiar standard toolbar common control. It has a maximum of seven buttons. Each button's ID, image, tooltip, and state are defined in a structure, which is then passed to the taskbar. The application can show, enable, disable, or hide buttons from the thumbnail toolbar as required by its current state.

For example, Windows Media Player might offer standard media transport controls such as play, pause, mute, and stop.

可以使用 BrowserWindow.setThumbarButtons 来设置应用的缩略图工具栏。

```
var BrowserWindow = require('browser-window');
var path = require('path');
var win = new BrowserWindow({
  width: 800,
  height: 600
});
win.setThumbarButtons([
  {
      tooltip: "button1",
      icon: path.join(__dirname, 'button1.png'),
      click: function() { console.log("button2 clicked"); }
  },
  {
      tooltip: "button2",
      icon: path.join(__dirname, 'button2.png'),
      flags:['enabled', 'dismissonclick'],
      click: function() { console.log("button2 clicked."); }
  }
]);
```

调用 BrowserWindow.setThumbarButtons 并传入空数组即可清空缩略图工具栏：

```
win.setThumbarButtons([]);
```

六、Unity launcher 快捷方式 (Linux)

Unity 可以通过改变 .desktop 文件来增加自定义运行器的快捷方式。

七、任务栏的进度条 (Windows & Unity)

Windows 的进度条可以出现在一个任务栏按钮上（见图 9-3）。这可以提供进度信息给用户而不需要用户切换应用窗口。

Unity DE 也具有同样的特性，在运行器上显示进度条（见图 9-4）。

图 9-3　任务栏上的进度条

图 9-4　Unity 运行器上的进度条

要给一个窗口设置进度条，可以调用 BrowserWindow.setProgressBar API：

```
var window = new BrowserWindow({...});
window.setProgressBar(0.5);
```

在 OS X，一个窗口可以设置它展示的文件，文件的图标可以出现在标题栏，当用户 Command-Click 或者 Control-Click 标题栏，文件路径弹窗将会出现（见图 9-5）。

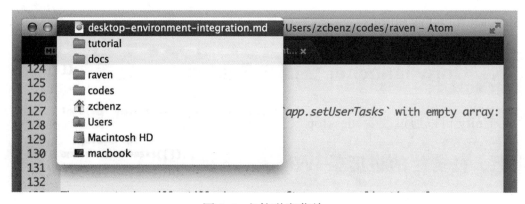

图 9-5　文件弹窗菜单

可以调用 BrowserWindow.setRepresentedFilename 和 BrowserWindow.
setDocumentEdited APIs：

```
var window = new BrowserWindow({...});
window.setRepresentedFilename('/etc/passwd');
window.setDocumentEdited(true);
```

第三节　Electron 在线 / 离线事件监控

在渲染进程中，Online and offline 事件检测是通过标准 HTML5 API 中 navigator.onLine 属性来实现的。脱机时（从网络断开），navigator.onLine 属性将返回 false，除此之外都返回 true。由于所有其他条件都返回 true，因此必须警惕信息误报，因为不能保证在返回 true 的情况下 Electron 一定可以访问互联网。例如，当软件运行在一个虚拟网络适配器始终为"connected"的虚拟机中时，Electron 就不能访问互联网。因此，如果想确保 Electron 真实的网络访问状态，应该开发额外的检测方法。

使用标准 HTML5 APIs 可以实现在线和离线事件的探测，就像以下例子：

main.js

```
var app = require('app');
var BrowserWindow = require('browser-window');
var onlineStatusWindow;

app.on('ready', function() {
    onlineStatusWindow = new BrowserWindow({ width: 0, height: 0, show:
false });
    onlineStatusWindow.loadURL('file://' + __dirname + '/online-status.html');
});
```

online-status.html

```
<!DOCTYPE html>
<html>
  <body>
    <script>
      var alertOnlineStatus = function() {
        window.alert(navigator.onLine ? 'online' : 'offline');
      };
```

```
        window.addEventListener('online', alertOnlineStatus);
        window.addEventListener('offline', alertOnlineStatus);

        alertOnlineStatus();
    </script>
  </body>
</html>
```

也有人想要在主进程也有回应这些事件的实例。然后主进程没有 navigator 对象，因此不能直接探测在线还是离线。使用 Electron 的进程间通信工具，事件就可以在主进程被使用，就像下面的例子：

main.js

```
var app = require('app');
var ipc = require('ipc');
var BrowserWindow = require('browser-window');
var onlineStatusWindow;

app.on('ready', function() {
    onlineStatusWindow = new BrowserWindow({ width: 0, height: 0, show:
false });
    onlineStatusWindow.loadURL('file://' + __dirname + '/online-status.html');
});

ipc.on('online-status-changed', function(event, status) {
    console.log(status);
});
```

online-status.html

```
<!DOCTYPE html>
<html>
  <body>
    <script>
      var ipc = require('ipc');
      var updateOnlineStatus = function() {
          ipc.send('online-status-changed', navigator.onLine ? 'online' :
'offline');
      };

      window.addEventListener('online',  updateOnlineStatus);
      window.addEventListener('offline',  updateOnlineStatus);

      updateOnlineStatus();
    </script>
  </body>
</html>
```

注意：如果电脑启动了虚拟机的网卡驱动，可能会出现离线探测不准确。

第四节　Electron 进程

Electron 中的 process 对象与 upstream node 中的有以下的不同点：

• process.type String（进程类型），可以是 browser(i.e. main process) 或 renderer。

• process.versions['electron'] String（Electron 的版本）。

• process.versions['chrome'] String（Chromium 的版本）。

• process.resourcesPath String（JavaScript 源代码路径）。

• process.mas Boolean（在 Mac App Store 创建），它的值为 true，在其他的地方值为 undefined。

一、事件

事件 'loaded'：在 Electron 已经加载了其内部预置脚本和它准备加载主进程或渲染进程的时候触发。

当 node 被完全关闭的时候，它可以被预加载脚本使用来添加（原文：removed）与 node 无关的全局符号来回退到全局范围：

```
// preload.js
var _setImmediate = setImmediate;
var _clearImmediate = clearImmediate;
process.once('loaded', function() {
  global.setImmediate = _setImmediate;
  global.clearImmediate = _clearImmediate;
});
```

二、属性

设置 process.noAsar 为 true 可以使 asar 文件在 node 的内置模块中生效。

三、方法

process 对象有如下方法：

process.hang()

使当前进程的主线程挂起。

process.setFdLimit(maxDescriptors) OS X Linux

• maxDescriptors Integer

设置文件描述符软限制于 maxDescriptors 或硬限制于 os，无论它是否低于当前进程。

第五节　Electron 支持的 Chrome 命令行开关

这节列出了 Chrome 浏览器和 Electron 支持的命令行开关。也可以在 app 模块的 ready 事件发出之前使用 app.commandLine.appendSwitch 来添加它们到应用的 main 脚本里面：

```
const app = require('electron').app;
app.commandLine.appendSwitch('remote-debugging-port', '8315');
app.commandLine.appendSwitch('host-rules', 'MAP * 127.0.0.1');

app.on('ready', function() {
  // Your code here
});
```

一、--client-certificate=path

设置客户端的证书文件 path 。

二、--ignore-connections-limit=DOMains

忽略用 "," 分隔的 domains 列表的连接限制。

三、--disable-http-cache

禁止请求 HTTP 时使用磁盘缓存。

四、--remote-debugging-port=port

在指定的端口通过 HTTP 开启远程调试。

五、--js-flags=flags

指定引擎过渡到 JS 引擎。

在启动 Electron 时，如果想在主进程中激活 flags，它将被转换。

```
$ electron --js-flags="--harmony_proxies --harmony_collections" your-app
```

六、--proxy-server=address:port

使用一个特定的代理服务器，它将比系统设置的优先级更高。这个开关只有在使用 HTTP 协议时有效，它包含 HTTPS 和 WebSocket 请求。值得注意的是，不是所有的代理服务器都支持 HTTPS 和 WebSocket 请求。

七、--proxy-bypass-list=hosts

让 Electron 使用（原文：bypass）提供的以 semi-colon 分隔的 hosts 列表的代理服务器。这个开关只有在使用 --proxy-server 时有效。

例如：

```
app.commandLine.appendSwitch('proxy-bypass-list', '<local>;*.google.com;*foo.com;1.2.3.4:5678')
```

将会为所有的 hosts 使用代理服务器，除了本地地址（localhost,127.0.0.1 etc.）、google.com 子域、以 foo.com 结尾的 hosts、和所有类似 1.2.3.4:5678 的。

八、--proxy-pac-url=url

在指定的 url 上使用 PAC 脚本。

九、--no-proxy-server

不使用代理服务，并且总是使用直接连接。忽略所有的合理代理标志。

十、--host-rules=rules

一个逗号分隔的 rule 列表来控制主机名如何映射。

例如：

• MAP * 127.0.0.1 强制所有主机名映射到 127.0.0.1。

- MAP *.google.com proxy 强制所有 google.com 子域使用"proxy"。
- MAP test.com [::1]:77 强制"test.com"使用 IPv6 回环地址，也强制使用端口 77。
- MAP * baz, EXCLUDE www.google.com 重新全部映射到"baz"，除了"www.google.com"。

这些映射适用于终端网络请求（TCP 连接和主机解析以直接连接的方式，和 CONNECT 以代理连接，还有终端 host 使用 SOCKS 代理连接）。

十一、--host-resolver-rules=rules

类似 --host-rules，但是 rules 只适合主机解析。

十二、--ignore-certificate-errors

忽略与证书相关的错误。

十三、--ppapi-flash-path=path

设置 Pepper Flash 插件的路径 path。

十四、--ppapi-flash-version=version

设置 Pepper Flash 插件版本号。

十五、--log-net-log=path

使网络日志事件能够被读写到 path。

十六、--ssl-version-fallback-min=version

设置最简化的 SSL/TLS 版本号（"tls1"、"tls1.1"或"tls1.2"），TLS 可接受回退。

十七、--cipher-suite-blacklist=cipher_suites

指定逗号分隔的 SSL 密码套件列表实效。

十八、--disable-renderer-backgrounding

防止 Chromium 降低隐藏的渲染进程优先级。

这个标志对所有渲染进程全局有效，如果只想在一个窗口中禁止使用，可以采用 hack 方法。

十九、--enable-logging

打印 Chromium 信息输出到控制台。

如果在用户应用加载完成之前解析 app.commandLine.appendSwitch ，这个开关将有效，但是可以设置 ELECTRON_ENABLE_LOGGING 环境变量来达到相同的效果。

二十、--v=log_level

设置默认最大活跃 V-logging 标准：默认为 0。通常 V-logging 标准值为肯定值。

这个开关只有在 --enable-logging 开启时有效。

二十一、--vmodule=pattern

赋予每个模块最大的 V-logging levels 来覆盖 --v 给的值. E.g。my_module=2,foo*=3 会改变所有源文件 my_module.* 和 foo*.* 的代码中的 logging level 。

任何包含向前的（forward slash）或者向后的（backward slash）模式将被测试用于阻止整个路径名，并且不仅是 E.g 模块。*/foo/bar/*=2 将会改变所有在 foo/bar 下的源文件代码中的 logging level。

这个开关只有在 --enable-logging 开启时有效。

第六节　Electron 环境变量

一些 Electron 的行为受到环境变量的控制，因为它们的初始化比命令行和应用代码更早。

POSIX shells 的例子：

```
$ export ELECTRON_ENABLE_LOGGING=true
$ electron
```

Windows 控制台：

```
> set ELECTRON_ENABLE_LOGGING=true
> electron
```

一、ELECTRON_RUN_AS_NODE

类似 node.js 普通进程启动方式。

二、ELECTRON_ENABLE_LOGGING

打印 Chrome 的内部日志到控制台。

三、ELECTRON_LOG_ASAR_READS

当 Electron 读取 ASAR 文档，把 read offset 和文档路径作为日志记录到系统 tmpdir，结果文件将提供给 ASAR 模块来优化文档组织。

四、ELECTRON_ENABLE_STACK_DUMPING

当 Electron 崩溃的时候，打印堆栈记录到控制台。

如果 crashReporter 已经启动，那么这个环境变量有效。

五、ELECTRON_DEFAULT_ERROR_MODE（Windows）

当 Electron 崩溃的时候，显示 Windows 的崩溃对话框。

如果 crashReporter 已经启动那么这个环境变量实效。

六、ELECTRON_NO_ATTACH_CONSOLE（Windows）

不可使用当前控制台。

七、ELECTRON_FORCE_WINDOW_MENU_BAR(Linux)

不可在 Linux 上使用全局菜单栏。

八、ELECTRON_HIDE_INTERNAL_MODULES

关闭旧的内置模块，如 require('ipc') 的通用模块。

第七节　Electron 应用部署

为了使用 Electron 部署应用程序，存放应用程序的文件夹需要叫作 app，并且需要放在 Electron 的资源文件夹下（在 OS X 中是指 Electron.app/Contents/Resources/，在 Linux 和 Windows 中是指 resources/）。

在 OS X 中：

```
electron/Electron.app/Contents/Resources/app/
├── package.json
├── main.js
└── index.html
```

在 Windows 和 Linux 中：

```
electron/resources/app
├── package.json
├── main.js
└── index.html
```

然后运行 Electron.app（或者 Linux 中的 electron、Windows 中的 electron.exe），接着 Electron 就会以应用程序的方式启动。electron 文件夹将被部署并可以分发给最终的使用者。

一、将你的应用程序打包成一个文件

除了通过拷贝所有的资源文件来分发应用程序，可以通过打包应用程序为一个 asar 库文件，以避免暴露源代码。

为了使用一个 asar 库文件代替 app 文件夹，需要修改这个库文件的名字为 app.asar，然后将其放到 Electron 的资源文件夹下，然后 Electron 就会试图读取这个库文件并从中启动。

在 OS X 中：

```
electron/Electron.app/Contents/Resources/
└── app.asar
```

在 Windows 和 Linux 中：

```
electron/resources/
└── app.asar
```

二、更换名称与下载二进制文件

在使用 Electron 打包应用程序之后，可能需要在分发给用户之前修改打包的名字。

1.Windows

可以将 electron.exe 改成任意喜欢的名字，然后可以使用像 rcedit 编辑它的 icon 和其他信息。

2.OS X

可以将 Electron.app 改成任意喜欢的名字，然后也需要修改这些文件中的 CFBundleDisplayName、CFBundleIdentifier 及 CFBundleName 字段。这些文件如下：

• Electron.app/Contents/Info.plist。

• Electron.app/Contents/Frameworks/Electron Helper.app/Contents/Info.plist。

也可以重命名帮助应用程序以避免在应用程序监视器中显示 Electron Helper，但是请确保已经修改了帮助应用的可执行文件的名字。

一个改过名字的应用程序的构造可能是这样的：

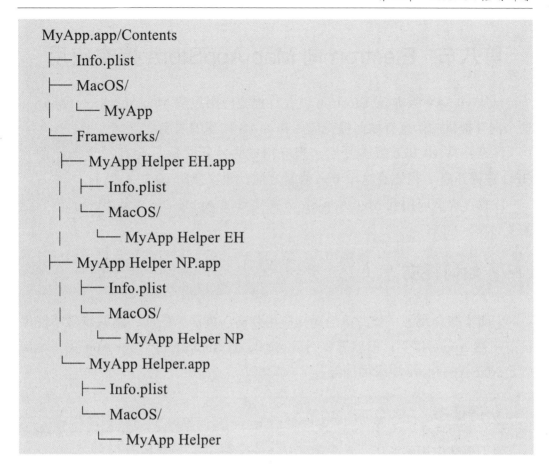

```
MyApp.app/Contents
├── Info.plist
├── MacOS/
│   └── MyApp
└── Frameworks/
    ├── MyApp Helper EH.app
    │   ├── Info.plist
    │   └── MacOS/
    │       └── MyApp Helper EH
    ├── MyApp Helper NP.app
    │   ├── Info.plist
    │   └── MacOS/
    │       └── MyApp Helper NP
    └── MyApp Helper.app
        ├── Info.plist
        └── MacOS/
            └── MyApp Helper
```

3.Linux

可以将 electron 改成任意喜欢的名字。

三、通过重编译源代码来更换名称

通过修改产品名称并重编译源代码来更换 Electron 的名称也是可行的。需要修改 atom.gyp 文件并彻底重编译一次。

手动检查 Electron 代码并重编译是很复杂晦涩的，因此有一个 Grunt 任务可以自动处理这些内容。

这个任务会自动处理编辑 .gyp 文件，从源代码进行编译，然后重编译应用程序的本地 Node 模块以匹配这个新的可执行文件的名称。

第八节　Electron 向 Mac AppStore 提交应用

自从 v0.34.0 版本起，Electron 就允许提交应用包到 Mac App Store（MAS）。这个向导提供的信息有如何提交应用和 MAS 构建的限制。

注意：从 v0.36.0 版本开始，当应用成为沙箱之后，会有一个 bug 阻止 GPU 进程开启，所以在这个 bug 修复之前，建议使用 v0.35.x 版本。

注意：提交应用到 Mac App Store 需要参加 Apple DeveloperProgram，这需要付费。

一、如何提交

下面步骤介绍了一个简单的提交应用到商店方法。然而，这些步骤不能保证应用被 Apple 接受；仍然需要阅读 Apple 的 Submitting Your App 关于如何满足 Mac App Store 要求的向导。

1. 获得证书

为了提交应用到商店，首先需要从 Apple 获得一个证书。

2. App 签名

获得证书之后，可以使用 Application Distribution 打包应用，然后前往提交应用。这个步骤基本上和其他程序一样，但是这 key 一个个地标识 Electron 的每个依赖。

首先，你需要准备 2 个授权文件。

child.plist：

```
<?xml version="1.0" encoding="UTF-8"?>
<!DOCTYPE plist PUBLIC "-//Apple//DTD PLIST 1.0//EN" "http://www.apple.com/DTDs/PropertyList-1.0.dtd">
<plist version="1.0">
```

```
    <dict>
        <key>com.apple.security.app-sandbox</key>
        <true/>
        <key>com.apple.security.inherit</key>
        <true/>
    </dict>
</plist>
```

parent.plist：

```
<?xml version="1.0" encoding="UTF-8"?>
 <!DOCTYPE plist PUBLIC "-//Apple//DTD PLIST 1.0//EN" "http://www.
apple.com/DTDs/PropertyList-1.0.dtd">
 <plist version="1.0">
    <dict>
        <key>com.apple.security.app-sandbox</key>
        <true/>
    </dict>
</plist>
```

然后使用下面的脚本标识应用：

```bash
#!/bin/bash

# Name of your app.
APP="YourApp"
# The path of you app to sign.
APP_PATH="/path/to/YouApp.app"
# The path to the location you want to put the signed package.
RESULT_PATH="~/Desktop/$APP.pkg"
# The name of certificates you requested.
  APP_KEY="3rd Party Mac Developer Application: Company Name
(APPIDENTITY)"
```

```
    INSTALLER_KEY="3rd Party Mac Developer Installer: Company Name
(APPIDENTITY)"

  FRAMEWORKS_PATH="$APP_PATH/Contents/Frameworks"

    codesign --deep -fs "$APP_KEY" --entitlements child.plist
"$FRAMEWORKS_PATH/Electron Framework.framework/Versions/A"
    codesign --deep -fs "$APP_KEY" --entitlements child.plist
"$FRAMEWORKS_PATH/$APP Helper.app/"
    codesign --deep -fs "$APP_KEY" --entitlements child.plist
"$FRAMEWORKS_PATH/$APP Helper EH.app/"
    codesign --deep -fs "$APP_KEY" --entitlements child.plist
"$FRAMEWORKS_PATH/$APP Helper NP.app/"
  if [ -d "$FRAMEWORKS_PATH/Squirrel.framework/Versions/A" ]; then
    # Signing a non-MAS build.
    codesign --deep -fs "$APP_KEY" --entitlements child.plist
"$FRAMEWORKS_PATH/Mantle.framework/Versions/A"
    codesign --deep -fs "$APP_KEY" --entitlements child.plist
"$FRAMEWORKS_PATH/ReactiveCocoa.framework/Versions/A"
    codesign --deep -fs "$APP_KEY" --entitlements child.plist
"$FRAMEWORKS_PATH/Squirrel.framework/Versions/A"
    fi
    codesign -fs "$APP_KEY" --entitlements parent.plist "$APP_PATH"

    productbuild --component "$APP_PATH" /Applications --sign
"$INSTALLER_KEY" "$RESULT_PATH"
```

如果你是 OS X 下的应用沙箱使用新手，应当仔细阅读 Apple 的 Enabling App Sandbox，然后向授权文件添加应用需要的许可 keys。

3. 上传应用并检查提交

在签名应用之后，可以使用 Loader 来上传到 iTunes 链接处理，确保在上传之前已经创建了一个记录，然后能提交应用程序以供审查。

4.MAS 构建限制

为了让应用沙箱满足所有条件，在 MAS 构建的时候，下面的模块被禁用了：

• crashReporter。

• autoUpdater。

并且下面的行为也改变了：

• 一些机子的视频采集功能无效。

• 某些特征不可访问。

• Apps 不可识别 DNS 改变。

也由于应用沙箱的使用方法，应用可以访问的资源被严格限制了。

二、Electron 使用的加密算法

Electron 使用的加密算法取决于所在国家和地区，Mac App Store 或许需要记录应用的加密算法，甚至要求提交一个 U.S 加密注册（ERN）许可的复印件。

Electron 使用下列加密算法：

• AES - NIST SP 800-38A, NIST SP 800-38D, RFC 3394

• HMAC - FIPS 198-1

• ECDSA - ANS X9.62–2005

• ECDH - ANS X9.63–2001

• HKDF - NIST SP 800-56C

• PBKDF2 - RFC 2898

• RSA - RFC 3447

• SHA - FIPS 180-4

• Blowfish - https://www.schneier.com/cryptography/blowfish/

• CAST - RFC 2144, RFC 2612

- DES - FIPS 46-3
- DH - RFC 2631
- DSA - ANSI X9.30
- EC - SEC 1
- IDEA - "On the Design and Security of Block Ciphers" book by X. Lai
- MD2 - RFC 1319
- MD4 - RFC 6150
- MD5 - RFC 1321
- RC2 - RFC 2268
- RC4 - RFC 4345
- RC5 - http://people.csail.mit.edu/rivest/Rivest-rc5rev.pdf
- RIPEMD - ISO/IEC 10118-3

第九节 Electron 应用打包

为缓解 Windows 下路径名过长的问题，也为对 require 加速，以及简单隐匿源代码，可以通过极小的源代码改动将应用打包成 asar 文件。

一、生成 asar 包

asar 是一种将多个文件合并成一个文件的类 tar 风格的归档格式。Electron 可以无须解压整个文件，就能够从其中读取任意文件内容。

参照如下步骤将应用打包成 asar 文件：

1. 安装 asar

```
$ npm install -g asar
```

2. 用 asar pack 打包

```
$ asar pack your-app app.asar
```

二、使用 asar 包

在 Electron 中有两类 APIs：Node.js 提供的 Node API 和 Chromium 提供的 Web API。这两种 API 都支持从 asar 包中读取文件。

1. Node API

由于 Electron 中打了特别补丁，Node API 中如 fs.readFile 或者 require 之类的方法可以将 asar 视为虚拟文件夹，读取 asar 里面的文件就和从真实的文件系统中读取一样。

例如，在 /path/to 文件夹下有个 example.asar 包：

```
$ asar list /path/to/example.asar
/app.js
```

```
/file.txt
/dir/module.js
/static/index.html
/static/main.css
/static/jquery.min.js
```

从 asar 包读取一个文件：

```
const fs = require('fs');
fs.readFileSync('/path/to/example.asar/file.txt');
```

列出 asar 包中根目录下的所有文件：

```
const fs = require('fs');
fs.readdirSync('/path/to/example.asar');
```

使用 asar 包中的一个模块：

```
require('/path/to/example.asar/dir/module.js');
```

也可以使用 BrowserWindow 来显示一个 asar 包里的 web 页面：

```
const BrowserWindow = require('electron').BrowserWindow;
var win = new BrowserWindow({width: 800, height: 600});
win.loadURL('file:///path/to/example.asar/static/index.html');
```

2. Web API

在 Web 页面里，用 file: 协议可以获取 asar 包中文件。和 Node API 一样，视 asar 包如虚拟文件夹。

例如，用 $.get 获取文件：

```
<script>
var $ = require('./jquery.min.js');
$.get('file:///path/to/example.asar/file.txt', function(data) {
    console.log(data);
});
</script>
```

3. 把 asar 包当作一个普通的文件

在某些情况下，如对 asar 包进行校验，需要像读取"文件"那样读取 asar 包。 为此，可以使用内置的没有 asar 功能的和原始 fs 模块一模一样的 original-fs 模块。

```
const originalFs = require('original-fs')
originalFs.readFileSync('/path/to/example.asar')
```

也可以将 process.noAsar 设置为 true，以禁用 fs 模块中对 asar 的支持：

```
const fs = require('fs')
process.noAsar = true
fs.readFileSync('/path/to/example.asar')
```

三、Node API 缺陷

尽管已经尽力使 asar 包在 Node API 下的应用尽可能地趋向于真实的目录结构，但仍有一些底层 Node API，无法保证其正常工作。

1. asar 包是只读的

asar 包中的内容不可更改，所以 Node APIs 里那些可以用来修改文件的方法在对待 asar 包时都无法正常工作。

2. Working Directory 在 asar 包中无效

尽管 asar 包是虚拟文件夹，但其实并没有真实的目录架构对应在文件系统里，所以不可能将 working Directory 设置成 asar 包里的一个文件夹。将 asar 中的文件夹以 cwd 形式作为参数传入一些 API 中也会报错。

3. API 中需要额外解压的档案包

大部分 fs API 可以无须解压即从 asar 包中读取文件或者文件的信息，但是在处理一些依赖真实文件路径的底层系统方法时，Electron 会将所需文件解压到临时目录下，然后将临时目录下的真实文件路径传给底层系统方法，使其正常工作。 对于这类 API，花销会略多一些。

以下是一些需要额外解压的 API：

- child_process.execFile
- child_process.execFileSync
- fs.open
- fs.openSync
- process.dlopen（用在 require 原生模块时）

4.fs.stat 获取的 stat 信息不可靠

对 asar 包中的文件取 fs.stat，返回的 Stats 对象不是精确值，因为这些文件不是真实存在于文件系统里。所以除了文件大小和文件类型，不应该依赖 Stats 对象的值。

5. 执行 asar 包中的程序

Node 中有一些可以执行程序的 API，如 child_process.exec、child_process.spawn 和 child_process.execFile 等，但只有 execFile 可以执行 asar 包中的程序。

因为 exec 和 spawn 允许 command 替代 file 作为输入，而 command 是需要在 shell 下执行的，目前没有可靠的方法来判断 command 中是否在操作一个 asar 包中的文件，而且即便可以判断，依旧无法保证可以在无任何副作用的情况下替换 command 中的文件路径。

四、打包时排除文件

如上所述，一些 Node API 会在调用时将文件解压到文件系统中，除了效率问题外，也有可能引起杀毒软件的注意。

为解决这个问题，可以在生成 asar 包时使用 --unpack 选项来排除一些文件，使其不打包到 asar 包中，下面是如何排除一些用作共享用途的原生模块的方法：

```
$ asar pack app app.asar --unpack *.node
```

经过上述命令后，除了生成 app.asar 包，还有一个包含了排除文件的 app.asar.unpacked 文件夹，需要将这个文件夹一起拷贝，提供给用户。

第十节　Electron 使用原生模块

Electron 同样也支持原生模块，但由于和官方的 Node 相比使用了不同的 V8 引擎，如果想编译原生模块，则需要手动设置 Electron 的 headers 的位置。

一、原生 Node 模块的兼容性

当 Node 开始换新的 V8 引擎版本时，原生模块可能"坏"掉。为确保一切工作正常，需要检查想要使用的原生模块是否被 Electron 内置的 Node 支持。可以查看 Electron 内置的 Node 版本，或者使用 process.version 查看。

考虑到 NAN 可以使开发更容易对多版本 Node 的支持，建议使用它来开发模块。也可以使用 NAN 来移植旧的模块到新的 Node 版本，以使它们可以在新的 Electron 下良好工作。

二、如何安装原生模块

有如下三种方法可以安装原生模块：

1. 最简单方式

最简单的方式就是通过 electron-rebuild 包重新编译原生模块，它可以自动完成下载 headers、编译原生模块等步骤：

```
npm install --save-dev electron-rebuild

# 每次运行 "npm install" 时，也运行这条命令
./node_modules/.bin/electron-rebuild

# 在 windows 下如果上述命令遇到了问题，尝试这个：
.\node_modules\.bin\electron-rebuild.cmd
```

2. 通过 npm 安装

当然也可以通过 npm 安装原生模块。大部分步骤和安装普通模块时一样，除了以下一些系统环境变量需要自己操作：

```
export npm_config_disturl=https://atom.io/download/atom-shell
export npm_config_target=0.33.1
export npm_config_arch=x64
export npm_config_runtime=electron
HOME=~/.electron-gyp npm install module-name
```

3. 通过 node-gyp 安装

需要告诉 node-gyp 去哪下载 Electron 的 headers，以及下载什么版本：

```
$ cd /path-to-module/
$ HOME=~/.electron-gyp node-gyp rebuild --target=0.29.1 --arch=x64 --dist-url=https://atom.io/download/atom-shell
```

HOME=~/.electron-gyp 设置去哪找开发时的 headers。

--target=0.29.1 设置了 Electron 的版本。

--dist-url=... 设置了 Electron 的 headers 的下载地址。

--arch=x64 设置了该模块为适配 64 位操作系统而编译。

第十一节 Electron 主进程调试

浏览器窗口的开发工具仅能调试渲染器的进程脚本（如 web 页面）。为了提供一个可以调试主进程的方法，Electron 提供了 --debug 和 --debug-brk 开关。

一、命令行开关

使用如下的命令行开关来调试 Electron 的主进程。

1. --debug=[port]

当这个开关用于 Electron 时，它将会监听 V8 引擎中有关 port 的调试器协议信息。默认的 port 是 5858。

2. --debug-brk=[port]

就像 --debug 一样，但是会在第一行暂停脚本运行。

二、使用 node-inspector 来调试

备注：Electron 目前对 node-inspector 支持得不是特别好，如果通过 node-inspector 的 console 来检查 process 对象，主进程就会崩溃。

（1）确认已经安装了 node-gyp 所需工具。

（2）安装 node-inspector。

```
$ npm install node-inspector
```

（3）安装 node-pre-gyp 的一个修订版。

```
$ npm install git+https://git@github.com/enlight/node-pre-gyp.git#detect-electron-runtime-in-find
```

（4）为 Electron 重新编译 node-inspector v8 模块（将 target 参数修改为 Electron 的版本号）。

```
$ node_modules/.bin/node-pre-gyp --target=0.36.2 --runtime=electron
--fallback-to-build --directory node_modules/v8-debug/ --dist-url=https://atom.
io/download/atom-shell reinstall
$ node_modules/.bin/node-pre-gyp --target=0.36.2 --runtime=electron
--fallback-to-build --directory node_modules/v8-profiler/ --dist-url=https://
atom.io/download/atom-shell reinstall
```

[How to install native modules][how-to-install-native-modules].

（5）打开 Electron 的调试模式。

也可以用调试参数来运行 Electron：

```
$ electron --debug=5858 your/app
```

或者在第一行暂停脚本：

```
$ electron --debug-brk=5858 your/app
```

（6）使用 Electron 开启 node-inspector 服务。

```
$ ELECTRON_RUN_AS_NODE=true path/to/electron.exe node_modules/
node-inspector/bin/inspector.js
```

（7）加载调试器界面。

在 Chrome 中打开 http://127.0.0.1:8080/debug?ws=127.0.0.1:8080&port=5858。

第十二节　Electron 使用 Selenium 和 WebDriver

引自 ChromeDriver - WebDriver for Chrome:

> WebDriver 是一款开源的支持多浏览器的自动化测试工具。它提供了操作网页、用户输入、JavaScript 执行等能力。ChromeDriver 是一个实现了 WebDriver 与 Chromium 连接协议的独立服务。它也是由开发了 Chromium 和 WebDriver 的团队开发的。

为了能够使 ChromeDriver 和 Electron 一起正常工作，需要告诉它 Electron 在哪，并且让它相信 Electron 就是 Chrome 浏览器。

一、通过 WebDriverJs 配置

WebDriverJs 是一个可以配合 WebDriver 做测试的 Node 模块，我们会用它来做个演示。

1. 启动 ChromeDriver

首先，下载 ChromeDriver，然后运行以下命令：

```
$ ./chromedriver
Starting ChromeDriver (v2.10.291558) on port 9515
Only local connections are allowed.
```

记住 9515 这个端口号，后面会用到。

2. 安装 WebDriverJS

```
$ npm install selenium-webdriver
```

3. 连接到 ChromeDriver

在 Electron 下使用 selenium-webdriver 和其平时的用法并没有大的差异，只是需要手动设置连接 ChromeDriver 及 Electron 的路径：

```
const webdriver = require('selenium-webdriver');

var driver = new webdriver.Builder()
    // "9515" 是 ChromeDriver 使用的端口
    .usingServer('http://localhost:9515')
    .withCapabilities({
    chromeOptions: {
        // 这里设置 Electron 的路径
        binary: '/Path-to-Your-App.app/Contents/MacOS/Atom',
    }
})
.forBrowser('electron')
.build();

driver.get('http://www.google.com');
driver.findElement(webdriver.By.name('q')).sendKeys('webdriver');
driver.findElement(webdriver.By.name('btnG')).click();
driver.wait(function() {
  return driver.getTitle().then(function(title) {
    return title === 'webdriver - Google Search';
  });
}, 1000);

driver.quit();
```

二、通过 WebdriverIO 配置

WebdriverIO 也是一个配合 WebDriver 用来测试的 Node 模块

1. 启动 ChromeDriver

首先，下载 ChromeDriver，然后运行以下命令：

```
$ chromedriver --url-base=wd/hub --port=9515
Starting ChromeDriver (v2.10.291558) on port 9515
Only local connections are allowed.
```

记住 9515 端口，后面会用到。

2. 安装 WebdriverIO

```
$ npm install webdriverio
```

3. 连接到 ChromeDriver

```
const webdriverio = require('webdriverio');
var options = {
    host: "localhost", // 使用 localhost 作为 ChromeDriver 服务器
    port: 9515,        // "9515" 是 ChromeDriver 使用的端口
    desiredCapabilities: {
        browserName: 'chrome',
        chromeOptions: {
            binary: '/Path-to-Your-App/electron', // Electron 的路径
            args: [/* cli arguments */]          // 可选参数，类似：'app=' +
/path/to/your/app/
        }
    }
};

var client = webdriverio.remote(options);

client
    .init()
    .url('http://google.com')
    .setValue('#q', 'webdriverio')
```

```
.click('#btnG')
.getTitle().then(function(title) {
    console.log('Title was: ' + title);
})
.end();
```

三、工作流程

无须重新编译 Electron，只要把 app 的源码放到 Electron 的资源目录里就可直接开始测试了。

当然，也可以在运行 Electron 时传入参数，指定 app 的所在文件夹。这步可以免去拷贝、粘贴 app 到 Electron 的资源目录。

第十三节　Electron DevTools 扩展

为了使调试更容易，Electron 原生支持 Chrome DevTools Extension。

对于大多数 DevTools 的扩展，可以直接下载源码，然后通过 BrowserWindow.addDevToolsExtension API 加载它们。Electron 会记住已经加载了哪些扩展，所以不需要每次创建一个新窗口时都调用 BrowserWindow. addDevToolsExtension API。

例如，要用 React DevTools Extension，需要先下载源码：

```
$ cd /some-directory
$ git clone --recursive https://github.com/facebook/react-devtools.git
```

参考 react-devtools/shells/chrome/Readme.md 来编译这个扩展源码。

然后就可以在任意页面的 DevTools 里加载 React DevTools 了，通过控制台输入如下命令加载扩展：

```
const BrowserWindow = require('electron').remote.BrowserWindow;
BrowserWindow.addDevToolsExtension('/some-directory/react-devtools/
shells/chrome');
```

要卸载扩展，可以调用 BrowserWindow.removeDevToolsExtension API（扩展名作为参数传入），该扩展在下次打开 DevTools 时就不会加载了：

BrowserWindow.removeDevToolsExtension（'React Developer Tools'）;

一、DevTools 扩展的格式

理论上，Electron 可以加载所有为 Chrome 浏览器编写的 DevTools 扩展，但它们必须存放在文件夹里。那些以 crx 形式发布的扩展是不能被加载的，除非把它们解压到一个文件夹里。

二、后台运行 (background pages)

Electron 目前并不支持 chrome 扩展里的后台运行（background pages）功能，所以那些依赖此特性的 DevTools 扩展在 Electron 里可能无法正常工作。

三、chrome.* APIs

有些 chrome 扩展使用了 chrome.*APIs，而且这些扩展在 Electron 中需要额外实现一些代码才能使用，所以并不是所有的这类扩展都已经在 Electron 中实现完毕。

考虑到并非所有的 chrome.*APIs 都实现完毕，如果 DevTools 正在使用除了 chrome.devtools.* 之外的其他 APIs，这个扩展很可能无法正常工作。可以通过报告这个扩展的异常信息，这样做方便我们对该扩展的支持。

第十四节 Electron 使用 Pepper Flash 插件

Electron 现在支持 Pepper Flash 插件。要在 Electron 里面使用 Pepper Flash 插件，需要手动设置 Pepper Flash 的路径并在应用里启用 Pepper Flash。

一、保留一份 Flash 插件的副本

在 OS X 和 Linux 上，可以在 Chrome 浏览器的 chrome://plugins 页面上找到 Pepper Flash 的插件信息。插件的路径和版本会对 Election 的支持有帮助。也可以把插件复制到另一个路径以保留一份副本。

二、添加插件在 Electron 里的开关

可以直接在命令行中用 --ppapi-flash-path 和 ppapi-flash-version 或者在 app 的准备事件前调用 app.commandLine.appendSwitch 这个 method。同时，添加 browser-window 的插件开关。

```
// Specify flash path. 设置 flash 路径
// On Windows, it might be /path/to/pepflashplayer.dll
// On OS X, /path/to/PepperFlashPlayer.plugin
// On Linux, /path/to/libpepflashplayer.so
  app.commandLine.appendSwitch('ppapi-flash-path', '/path/to/
libpepflashplayer.so');


// Specify flash version, for example, v17.0.0.169 设置版本号
```

```
app.commandLine.appendSwitch('ppapi-flash-version', '17.0.0.169');

app.on('ready', function() {
  mainWindow = new BrowserWindow({
    'width': 800,
    'height': 600,
    'web-preferences': {
      'plugins': true
    }
  });
  mainWindow.loadURL('file://' + __dirname + '/index.html');
  // Something else
});
```

三、使用 <webview> 标签启用插件

在 <webview> 标签里添加 plugins 属性。

<webview src="http://www.adobe.com/software/flash/about/" plugins></
webview>

第十五节　Electron 使用 Widevine CDM 插件

在 Electron ，可以使用 Widevine CDM 插件装载 Chrome 浏览器。

一、获取插件

Electron 没有为 Widevine CDM 插件配制许可 reasons，为了获得它，首先需要安装官方的 Chrome 浏览器，这匹配了体系架构和 Electron 构建使用的 Chrome 版本。

注意：Chrome 浏览器的主要版本必须和 Electron 使用的版本一样，否则插件不会有效，虽然 navigator.plugins 会显示已经安装了它。

1.Windows & OS X

在 Chrome 浏览器中打开 chrome://components/ ，找到 WidevineCdm 并且确定它更新到最新版本，然后可以从 APP_DATA/Google/Chrome/WidevineCDM/VERSION/_platform_specific/PLATFORM_ARCH/ 路径找到所有的插件二进制文件。

APP_DATA 是系统存放数据的地方，在 Windows 上它是 %LOCALAPPDATA%，在 OS X 上它是 ~/Library/Application Support。VERSION 是 Widevine CDM 插件的版本字符串，类似 1.4.8.866。PLATFORM 是 mac 或 win。ARCH 是 x86 或 x64。

在 Windows，必要的二进制文件是 widevinecdm.dll 和 widevinecdmadapter.dll ；在 OS X ，它们是 libwidevinecdm.dylib 和 widevinecdmadapter.plugin。可以将它们复制到任何喜欢的地方，但是它们必须放在一起。

2. Linux

在 Linux ，Chrome 浏览器将插件的二进制文件装载在一起，可以在 /opt/google/chrome 下找到，文件名是 libwidevinecdm.so 和 libwidevinecdmadapter.so。

二、使用插件

在获得了插件文件后，可以使用 --widevine-cdm-path 命令行开关来将 widevinecdmadapter 的路径传递给 Electron，插件版本使用 --widevine-cdm-version 开关。

注意：虽然只有 widevinecdmadapter 的二进制文件传递给了 Electron，widevinecdm 二进制文件应当放在它的旁边。

必须在 app 模块的 ready 事件触发之前使用命令行开关，并且 page 使用的插件必须激活。

```
// You have to pass the filename of `widevinecdmadapter` here, it is
// * `widevinecdmadapter.plugin` on OS X,
// * `libwidevinecdmadapter.so` on Linux,
// * `widevinecdmadapter.dll` on Windows.
app.commandLine.appendSwitch('widevine-cdm-path', '/path/to/widevinecdmadapter.plugin');
// The version of plugin can be got from `chrome://plugins` page in Chrome.
app.commandLine.appendSwitch('widevine-cdm-version', '1.4.8.866');


var mainWindow = null;
app.on('ready', function() {
    mainWindow = new BrowserWindow({
        webPreferences: {
            // The `plugins` have to be enabled.
            plugins: true
        }
    })
});
```

三、验证插件

为了验证插件是否工作，你可以使用下面的方法：

• 打开开发者工具，查看是否 navigator.plugins 包含了 WidevineCDM 插件。

• 打开 https://shaka-player-demo.appspot.com/ 加载一个使用 Widevine 的 manifest。

• 打开 http://www.dash-player.com/demo/drm-test-area/，检查是否界面输出 bitdash uses Widevine in your browser，然后播放 video。

第十六节　Electron 术语表

本节说明了一些经常在 Electron 开发中使用的专业术语。

一、ASAR

ASAR 代表 Atom Shell Archive Format。一个 asar 压缩包就是一个简单的 tar 文件，就像将那些有联系的文件格式化至一个单独的文件中。Electron 能够任意读取其中的文件并且不需要解压缩整个文件。

ASAR 格式主要是为了提升 Windows 平台上的性能。

二、Brightray

Brightray 是能够简单地将 libchromiumcontent 应用到应用中的一个静态库。它专门开发给 Electron 使用，但是也能够使用在那些没有基于 Electron 的原生应用来启用 Chromium 的渲染引擎。

Brightray 是 Electron 中的一个低级别的依赖，大部分的 Electron 用户不用关心它。

三、DMG

DMG 是指在 macOS 上使用的苹果系统的磁盘镜像打包格式。DMG 文件通常被用来分发应用的 "installers"（安装包）。electron-builder 支持使用 dmg 来作为编译目标。

四、IPC

IPC 代表 Inter-Process Communication。Electron 使用 IPC 来在 [主进程] 和 [渲染进程] 之间传递 JSON 信息。

五、libchromiumcontent

Iibchromiumcontent 是一个单独的开源库，包含了 Chromium 的模块及全部依赖（如 Blink、V8 等）。

六、main process

主进程，通常是指 main.js 文件，是每个 Electron 应用的入口文件。它控制着整个 App 的生命周期，从打开到关闭。它也管理着原生元素，如菜单、菜单栏、Dock 栏、托盘等。主进程负责创建 App 的每个渲染进程，而且整个 Node API 都集成在里面。

每个 App 的主进程文件都定义在 package.json 中的 main 属性当中，这也是为什么 Electron 能够知道应该使用哪个文件来启动。

七、MAS

MAS 是指苹果系统上的 Mac App Store 的缩略词。有关于如何提交你的 App 至 MAS，详见本章第八节。

八、native modules

原生模块（在 Node.js 里也叫 addons），是一些使用 C 或 C++ 编写的能够在 Node.js 中加载或者在 Electron 中使用 require() 方法来加载的模块，它使用起来就如同 Node.js 的模块。它主要用于桥接在 JavaScript 上运行 Node.js 和 C/C++ 的库。

Electron 支持了原生的 Node 模块，但是 Electron 非常可能通过 Node 二进制编码安装一个不一样的 V8 引擎，所以在打包原生模块的时候，需要指定具体的 Electron 本地文件。

参见本章第十节。

九、NSIS

Nullsoft Scriptable Install System 是一个微软 Windows 平台上的脚本驱动的安装制作工具。它发布在免费软件许可证书下，是一个被广泛使用的替代商业专利产品，类似于 InstallShield。electron-builder 支持使用 NSIS 作为编译目标。

十、process

一个进程是计算机程序执行中的一个实例。Electron 应用同时使用了 main（主进程）和一个或者多个 renderer（渲染进程）来运行多个程序。

在 Node.js 和 Electron 里面，每个运行的进程都包含一个 process 对象。这个对象是一个全局的提供当前进程的相关信息。作为一个全局变量，它在应用内能够不用 require() 来随时取到。

十一、renderer process

渲染进程是应用内的一个浏览器窗口。与主进程不同的是，它能够同时存在多个而且运行在不一样的进程中，而且它们也能够被隐藏。

在常用的浏览器内，网页通常运行在一个沙盒环境当中并且不能够使用原生的资源。然而 Electron 的用户在 Node.js 的 API 支持下可以在页面中和操作系统进行一些低级别的交互。

十二、Squirrel

Squirrel 是一个开源的框架来让 Electron 的应用能够自动更新到发布的新版本。详见本章第十八节，了解如何开始使用 Squirrel。

十三、userland

"userland"或者"userspace"术语起源于 Unix 社区，当程序运行在操作系统内核之外。最近这个术语被推广到 Node 和 npm 社区，用于区分"Node core"与发布的包的功能，这主要针对在 npm 上注册的广大"user"（用户）们。

就像 Node，Electron 致力于使用一些少量的设置和 API 来提供所有的必须支持给开发中的跨平台应用。这个设计理念让 Electron 能够保持灵活而不被过多地规定应该如何被使用。Userland 让用户能够创造和分享一些工具来提供额外的功能，在这个能够使用的"core"（核心）之上。

十四、V8

V8 是谷歌公司的开源的 JavaScript 引擎。它使用 C++ 编写，并使用在谷歌公司开源浏览器 Google Chrome 上。V8 能够单独运行或者集成在任何一个 C++ 应用内。

十五、webview

webview 标签用于集成"guest"（访客）内容（如外部的网页）在 Electron 应用内。它们类似于 iframe，但是不同的是，每个 webview 都运行在独立的进程中。作为页面，它拥有不一样的权限，并且所有的嵌入内容和应用之间的交互都将是异步的。这将保证应用对于嵌入内容的安全性。

第十七节　Electron 离屏渲染

离屏渲染允许在位图中获取浏览器窗口的内容，因此可以在任何地方渲染，例如在 3D 场景中的纹理。Electron 中的离屏渲染使用与 Chromium Embedded Framework 项目类似的方法。

可以使用两种渲染模式，并且只有脏区通过 "paint" 事件才能更高效。渲染可以停止、继续，并且可以设置帧速率。 指定的帧速率是上限值，当网页上没有发生任何事件时，不会生成任何帧。 最大帧速率是 60，因为再高没有好处，而且损失性能。

注意：屏幕窗口始终创建为 Frameless Window。

一、两种渲染模式

1. GPU 加速

GPU 加速渲染意味着使用 GPU 用于合成。因为帧必须从需要更多性能的 GPU 中复制，所以这种模式比另一个模式慢得多。这种模式的优点是支持 WebGL 和 3D CSS 动画。

2. 软件输出设备

此模式使用软件输出设备在 CPU 中渲染，帧生成速度更快，因此此模式优先于 GPU 加速模式。

要启用此模式，必须通过调用 app.disableHardwareAcceleration() API 来禁用 GPU 加速。

二、使用渲染

代码如下。

```
const {app, BrowserWindow} = require('electron')

app.disableHardwareAcceleration()
```

```
let win
app.once('ready', () => {
  win = new BrowserWindow({
    webPreferences: {
    offscreen: true
      }
  })
    win.loadURL('http://github.com')
    win.webContents.on('paint', (event, dirty, image) => {
      // updateBitmap(dirty, image.getBitmap())
    })
    win.webContents.setFrameRate(30)
    })
```

第十八节　Electron autoUpdater（自动更新）

autoUpdater 启用应用程序自动更新。

autoUpdater 模块为 Squirrel 框架提供了一个界面。

可以通过使用以下项目快速启动多平台发布服务器来分发应用程序。

• nuts：应用程序的智能版本服务器，使用 GitHub 作为后端。用 Squirrel（Mac & Windows）自动更新。

• electron-release-server：一个功能齐全的自主发布的电子应用服务器，与 auto Upalate 兼容。

• squirrel-updates-server：用于 Squirrel.Mac 和 Squirrel.Windows 的简单 Node.js 服务器，它使用 GitHub 版本。

• squirrel-release-server：一个用于 Squirrel.Windows 的简单 PHP 应用程序，用于从文件夹读取更新，支持增量更新。

一、不同平台差异

虽然 autoUpdater 为不同的平台提供了一个统一的 API，但每个平台上仍然存在一些微妙的差异。

1. OS X

在 OS X 上，autoUpdater 模块基于 Squirrel.Mac，这意味着不需要任何特殊的设置来使其工作。请注意，应用程序传输安全性（ATS）适用于作为更新过程一部分的所有请求。如需要禁用 ATS 的应用程序，可以将 NSAllowsArbitraryLoads 键添加到其应用程序的 plist 中。

注意：应用程序必须签名才能自动更新 macOS。这是 Squirrel.Mac 的要求。

2. Windows

在 Windows 上，必须先将应用程序安装到用户的计算机中，然后才能使用 autoUpdater，因此建议您使用 electronic-winstaller、electron-forge 或 grunt-electron-installer 软件包来生成 Windows 安装程序。

当使用 electron-winstaller 或 electron-builder 时，请确保第一次运行时不尝试更新应用程序。

使用 Squirrel 生成的安装程序将以 com.squirrel.PACKAGE_ID.YOUR_EXE_WITHOUT_DOT_EXE 的格式创建一个应用程序用户模型 ID 的快捷方式图标，示例为 com.squirrel.slack.Slack 和 com.squirrel.code.Code。必须使用 app.setAppUserModelId API 为应用程序使用相同的 ID，否则 Windows 将无法在任务栏中正确引导应用。

与 Squirrel.Mac 不同，Windows 可以在 S3 或任何其他静态文件主机上托管更新。

3. Linux

在 Linux 上，没有 artoUpdater 程序的内置支持，因此建议使用发行版的软件包管理器来更新应用程序。

二、事件

autoUpdater 对象会触发以下事件：

1. 事件：'error'

返回：

• error Error

当更新发生错误时触发。

2. 事件：'checking-for update'

当开始检查更新时触发。

3. 事件：'update–available'

当有可用更新时触发。更新将自动下载。

4. 事件：'update-not-available'

当没有可用更新时触发。

5. 事件：'update-downloaded'

返回：

- event EVENT
- releaseNotesString（新版本更新公告）
- releaseNameString（新的版本号）
- releaseDate Date（新版本发布的日期）
- updateURL String（更新地址）

在更新下载完成时触发。

在 Windows 上，只有 releaseName 是有效的。

三、方法

autoUpdater 对象具有以下方法：

1. autoUpdater.setFeedURL(url[, requestHeaders])

- url String
- requestHeaders 对象 macOS（可选）- HTTP 请求头。

设置 url 并初始化自动更新程序。

2. autoUpdater.getFeedURL()

返回 String（当前的更新提供 URL）

3. autoUpdater.checkForUpdates()

向服务器查询是否有可用的更新。在调用此方法之前，必须在调用 setFeedURL。

4. autoUpdater.quitAndInstall()

当下载完成后，重新启动应用程序，并安装更新。这个方法应该仅在 update-downloaded 事件触发后被调用。

注意：autoUpdater.quitAndInstall() 将首先关闭所有应用程序窗口，然后才在 App 之后触发 before-quit 事件。这与正常退出事件顺序不同。

第十九节　Electron 编码规范

以下是 Electron 项目的编码规范。

一、C++ 和 Python

对于 C++ 和 Python，遵循 Chromium 的编码规范。可以使用 script/cpplint.py 来检验文件是否符合要求。

目前使用的 Pyhton 版本是 Python 2.7。

C++ 代码中用到了许多 Chromium 中的接口和数据类型，所以希望能熟悉它们。Chromium 中的重要接口和数据结构就是一篇不错的入门文档，里面提到了一些特殊类型、域内类型（退出作用域时自动释放内存）、日志机制等。

二、CoffeeScript

对于 CoffeeScript，遵循 GitHub 的编码规范及以下规则：

• 文件不要以换行符结尾，遵循 Google 的编码规范。

• 文件名使用 "-" 而不是 "_" 来连接单词，比如 file-name.coffee，而不是 file_name.coffee，这是沿用 github/atom 模块的命名方式（module-name）。这条规则仅适用于 .coffee 文件。

三、API 命名

当新建一个 API 时，倾向于使用 getters 和 setters，而不是 jQuery 单函数的命名方式，比如 .getText() 和 .setText(text)，而不是 .text([text])。

第二十节　Electron 源码目录结构

Electron 的源代码主要依据 Chromium 的拆分约定被拆成了许多部分。
为了更好地理解源代码，可能需要了解一下 Chromium 的多进程架构。

一、源代码的结构

```
Electron
├── atom - Electron 的源代码
│ ├── app - 系统入口代码
│ ├── browser - 包含了主窗口、UI 和其他所有与主进程有关的东西，它
会告诉渲染进程如何管理页面
│ │ ├── lib - 主进程初始化代码中 JavaScript 部分的代码
│ │ ├── ui - 不同平台上 UI 部分的实现
│ │ │ ├── cocoa - Cocoa 部分的源代码
│ │ │ ├── gtk - GTK+ 部分的源代码
│ │ │ └── win - Windows GUI 部分的源代码
│ │ ├── default_app - 在没有指定 app 的情况下 Electron 启动时默认显示
的页面
│ │ ├── api - 主进程 API 的实现
│ │ │ └── lib - API 实现中 Javascript 部分的代码
│ │ ├── net - 网络相关的代码
│ │ ├── mac - 与 Mac 有关的 Objective-C 代码
│ │ └── resources - 图标，平台相关的文件等
│ ├── renderer - 运行在渲染进程中的代码
│ │ ├── lib - 渲染进程初始化代码中 JavaScript 部分的代码
│ │ └── api - 渲染进程 API 的实现
│ │     └── lib - API 实现中 Javascript 部分的代码
│ └── common - 同时被主进程和渲染进程用到的代码，包括了一些用来将
node 的事件循环
```

| | 整合到 Chromium 的事件循环中时用到的工具函数和代码
| ├── lib - 同时被主进程和渲染进程使用到的 Javascript 初始化代码
| └── api - 同时被主进程和渲染进程使用到的 API 的实现及 Electron 内置模块的基础设施
| └── lib - API 实现中 Javascript 部分的代码
├── chromium_src - 从 Chromium 项目中拷贝来的代码
├── docs - 英语版本的文档
├── docs-translations - 各种语言版本的文档翻译
├── spec - 自动化测试
├── atom.gyp - Electron 的构建规则
└── common.gypi - 为诸如 `node` 和 `breakpad` 等其他组件准备的编译设置和构建规则

二、其他目录的结构

• script- 用于诸如构建、打包、测试等开发用途的脚本。

• tools- 在 gyp 文件中用到的工具脚本，但与 script 目录不同，该目录中的脚本不应该被用户直接调用。

• vendor- 第三方依赖项的源代码，为了防止人们将它与 Chromium 源码中的同名目录相混淆，在这里不使用 third_party 作为目录名。

• node_modules- 在构建中用到的第三方 node 模块。

• out-ninja 的临时输出目录。

• dist- 由脚本 script/create-dist.py 创建的临时发布目录。

• external_binaries- 下载的不支持通过 gyp 构建的预编译第三方框架。